知りたい！サイエンス

ホイヘンスが教えてくれる確率論

勝つための賭け方

岩沢宏和＝著

「確率」・「期待値」という考え方すらなかったころ、"分配問題"という賞金の分配に関する問題に取り組んだホイヘンス。それは数学的確率論のはじまりだった…。

技術評論社

CONTENTS

第12章 ホイヘンスによる確率の捉え方の現代的意義 … 137

参考文献………………………………………… 142
索引……………………………………………… 143
著者プロフィール……………………………… 144

CONTENTS

第8章 サイコロの賭けの期待値やオッズの問題 —— 問題XIII〜XIV　95

- **8-1** ホイヘンス流の解法の解説 …………………… 96
- **8-2** 別の解法との比較 …………………………… 101

第9章 勝つチャンスが順番に訪れる問題 —— 問題（I）〜（II）　105

- **9-1** 問題（I）の場合 ……………………………… 106
- **9-2** 問題（II）の場合 ……………………………… 113

第10章 1回勝負の問題 —— 問題（III）〜（IV）　117

- **10-1** 問題（III）の場合 …………………………… 118
- **10-2** 問題（IV）の場合 …………………………… 121

第11章 ギャンブラーの破産問題 —— 問題（V）　125

- **11-1** ホイヘンス流の解法の紹介 ………………… 126
- **11-2** 現代的な解き方との比較 …………………… 132

第4章 「公正な賭け」という仮説 —— 問題 I〜III　43

- **4-1** ホイヘンス流アプローチの解説 …… 44
- **4-2** ホイヘンス流アプローチの応用 …… 51
  - Column 宇宙の彼方のホイヘンス …… 54

第5章 分配問題（競技者2人の場合） —— 問題 IV〜VII　55

- **5-1** ホイヘンス流の解法の解説 …… 56
- **5-2** 競技者が2人の分配問題の一般的解法 …… 61

第6章 分配問題（一般の場合） —— 問題 VIII〜IX　71

- **6-1** ホイヘンス流の解法の解説 …… 72
- **6-2** 解法の比較 …… 75

第7章 サイコロの賭けで不利にならないための条件の問題 —— 問題 X〜XII　77

- **7-1** ホイヘンス流の解法の解説 …… 78
- **7-2** 現代の解き方との比較 …… 87

CONTENTS

まえがき ……………………………………………………… 3
本書の読み方 ………………………………………………… 9

第1章 オランダ史上最高の科学者・数学者 ── クリスティアーン・ホイヘンス　11

- 1-1 ホイヘンスの生涯 …………………………………… 12
- 1-2 数学者としてのホイヘンス ………………………… 20

第2章 数学的確率論がはじまるきっかけ　25

- 2-1 パスカルとフェルマーの往復書簡 ………………… 26
- 2-2 確率論へのホイヘンスの取り組み ………………… 29
- Column Huygensの読み方 …………………………… 32

第3章 ホイヘンス論文のあらすじ　33

- 3-1 ホイヘンス論文の構成 ……………………………… 34
- 3-2 まえがきと前置き …………………………………… 35
- 3-3 論文の主題と仮説の提示 …………………………… 37
- 3-4 論文で扱われる問題 ………………………………… 39

れている確率に関わることがらの捉え方は，古びて使い物にならないものでは決してありません．とりわけ近年の確率論の動向からすれば，「確率」の捉え方として，ホイヘンスのようなアプローチがいまふたたび脚光を浴びているのです．そのため，この論文を読み解くことは，現代のわれわれにとっても，確率とは何かについて考える際の大いなるヒントになると思われます．

　本書の構成は以下のとおりです．まず，論文を直接読み解く前に，1章で確率論以外のホイヘンスの業績等を紹介し，また，2章で数学的確率論がどのようにしてはじまったかについて触れ，ホイヘンスの論文の位置づけを解説します．さらに3章で論文のあらすじを説明し，その後，4章から11章で論文の詳しい中身の解説を行います．そして，最終章（12章）で，ホイヘンスによる確率の捉え方の現代的意義についてまとめます．

　なお，本書では，論文の原文の雰囲気を伝えるために，問題を紹介するときなどは原文の用語を尊重しますが，その一方で，解説の際には，理解のしやすさを優先して，時代錯誤をおそれず，現代の用語を適宜用います．ホイヘンス論文からの引用は，『科学の名著ホイヘンス』（朝日出版，1989年）所収の「賭における計算について」の訳文を参考にし，細かい点や文字づかいは本書に合うようにしています．引用文中の［　］書きは引用者が補足したものです．

岩沢宏和

まえがき

　本書ではホイヘンスが1657年に発表した「賭けにおける計算について」という論文を読み解きます.

　この論文は, 数学的確率論に関する著作としては, 史上はじめて公刊された記念すべきものです. そのため, これを読めば数学的確率論の初期の姿を知ることができますが, この論文を読み解くことは, そうした数学史上の関心以外の価値もあります.

　1つには, この論文は, 確率計算について学ぼうとする現代の人にとっても, 計算の工夫についてのヒントを与えてくれるものです. たしかに, ホイヘンス流のアプローチは, 数百年も前のものですから, 現代から見るとずいぶん回りくどい場合もあります. しかしその一方で, 現代から見ても十分有効である（現代でも使われている）場合もあれば, 中には, 現代の標準的な方法を知っている人にも簡単には思いつけないようなうまい方法である場合もあります. 本書では, 同論文に示されている確率計算法を, 現代の標準的な方法を含めたいろいろなアプローチとも適宜比較しながら解説します. その解説を通して, 読者は, うまい確率計算のヒントをいくつも見つけることができるでしょう.

　また, この論文を読み解くことは, 確率とは何かを考える際の格好の材料を提供してくれます. 実は, この論文における確率の捉え方は, 現代のものと大きく違っています. それどころか,「確率」という言葉さえ出てきません. しかし, この論文に示さ

本書の読み方

　本書は，頭から順番に読んでいく読者が多いことを想定して書いていますが，必ずしも端から順に読んでいく必要はありません．特に，確率論の歴史についてある程度の予備知識をもっている読者は，第3章からいきなり読みはじめることができるでしょう．

　また，本書だけの特殊な記号や言葉づかいはほとんど登場しないので，関心の度合いに応じて適当に途中を読み飛ばしながら読み進めても（その程度が極端でなければ），ほとんど支障が出ることはないでしょう．

　使用する数学記号は，できるだけ高度なものは避け，少なくとも高校数学レベルには収まるように配慮しました．注意すべきものとしては，組合せ数を表す $_nC_k$ という記号が（初出時に前後の説明を読めば意味がわかるようにした上で）登場するくらいです．

　必要な数学の知識の中でやや高度なものとしては，漸化式に関するものがあり，漸化式とは何かについてはある程度知っていることを前提に書いているところがあります．ただし，漸化式の解き方まではあらかじめ知らなくても，読むのには支障ないでしょう．そのほかに注意すべき点は，等比級数の和の求め方を知っていることを前提として書いている箇所があることくらいだと思います．

第1章

オランダ史上最高の
科学者・数学者
―― クリスティアーン・ホイヘンス

第1章 オランダ史上最高の科学者・数学者――クリスティアーン・ホイヘンス

　本書の主人公ホイヘンスは，数学的確率論の草創期に多大な貢献をしました．読者の中には，そのことを（ある程度）知っていて本書を手にとった方もいらっしゃるでしょうが，どちらかというとそれは少数派であるように思います．それよりは，ホイヘンスが偉大な科学者であったことは（それなりに）知っていたけれども，すぐれた数学者であったことや，ましてや確率論の立役者であったことは（ほとんど，あるいは，まったく）知らなかった，という方のほうが多いのではないでしょうか．いずれにしましても本章では，ホイヘンスがどのような科学者・数学者であったかを紹介します．その内容は，大方の読者にとってはほかの章に劣らず興味深いものと思いますが，読者がホイヘンスの確率論の中身だけを知りたいと思っている場合には，本章を読み飛ばしても特に支障はありません．

1-1　ホイヘンスの生涯

　本節では，ホイヘンスの生涯のうち，数学以外の業績を中心に紹介します．その前に，名前の発音および表記について触れておきます．

　オランダ人である「ホイヘンス」をアルファベット表記すれば"Huygens"ですが，これをどう発音すべきかは，オランダ語話者以外にはなかなか難しい問題です．

　英語読みすると（カナ表記でいえば）「ハイゲンズ」ないし「ハイグンズ」のような発音になり，実際，英語話者はふつうそのよ

うに発音します．ですが，オランダ語でのgの発音は，ドイツ語のch（たとえばドイツの作曲家「バッハ（Bach）」の語尾）の発音に近く，日本語ではハ行の音に近いです．

　この点よりもやっかいなのは「Huy」の部分の発音です．原音に対する国際的な発音記号をもとに，英語話者がそれに近いと思う発音をすると「ホイ」に近いものとなります（それゆえ「ホイヘンス」というカナ表記も定着したと思われます）が，オランダ語話者の実際の発音を聞くと「ホイ」よりは「ハウ」にずっと近い音です．一般に，オランダ語の「ui」と「uy」という綴りは同じ発音で「アウ」に近い音になります．たとえば"huis"というオランダ語は「家」を意味しますが，これは英語の「house」の発音にかなり近く，カナ表記ではともに「ハウス」とするのがふさわしいでしょう．たとえば長崎県にあるテーマパーク「ハウステンボス」の名はオランダ語の"Huis Ten Bosch"（直接の意味は「森の家」）をカナ読みしたものです．

　ですから，いまの慣習よりも発音の観点をより重視して"Huygens"にカナを振るとしたら「ハウヘンス」とするほうがよいのですが，この著名な科学者に対しては「ホイヘンス」という表記がすっかり定着していますので，本書でもそれを踏襲することにします．ちなみに，2013年に刊行された『岩波世界人名大辞典』では，項目名は「ホイヘンス」としたまま，それが原音と大きく違うことを表すために，特別に括弧書きで「ハウヘンス」と表記しています．

　さて，クリスティアーン・ホイヘンス（1629-1695）はオラン

第1章 オランダ史上最高の科学者・数学者——クリスティアーン・ホイヘンス

ダ（当時の正式名称はネーデルラント連邦共和国）のハーグに生まれました．祖父，父ともに大臣を務めた名門で，特に父のコンスタンティン・ホイヘンス（1596-1687）は詩人としても名が高く，科学の素養もありました．当時の超一流の学者であったフランスのマラン・メルセンヌ（1588-1648）やルネ・デカルト（1596-1650）とも親交があったほどです．

クリスティアーン・ホイヘンスが活躍した17世紀の後半は，大航海時代が終わり（つまり，ヨーロッパ人にとっての地理上の発見が一通り終了し）ヨーロッパが世界に覇を唱えはじめた時代です．そのヨーロッパの中で当時最大の国力を誇っていたのは，その威光から太陽王とまでいわれたルイ14世（1638-1715．在位は1643-1715）が治めていたフランスでした．

それに比べるとホイヘンスの故国オランダは小国であり，しかも1648年以前は建前上，スペインの領土でした．ですが，1568年以来の独立戦争の間に，貿易，海運，毛織物業がめざましく発展し，とりわけ1602年にオランダ東インド会社を設立してアジアに進出してポルトガルから香料貿易を奪取するなど，17世紀前半には世界の海の覇権を得ました．日本が1639年に鎖国して以降，ヨーロッパの国の中ではオランダのみと交易を続けていたことも，当時のオランダの繁栄ともちろん無関係ではありません．こうして貿易の富がアムステルダムに流入し，17世紀半ばのオランダは，経済的に繁栄をし，それとともに，学問，文化，芸術も興隆（たとえばオランダ人画家レンブラントやフェルメールはこの時代の人物です）し，（小国ではありながら）ヨーロッ

パ随一の先進国となっていました.

しかしながら,オランダの黄金期は長く続きませんでした.もう1国,ヨーロッパで当時めきめきと力をつけてきていたのはイギリスでしたが,そのイギリスとフランスに相次いで戦争を仕掛けられ,第3次イギリス・オランダ戦争(1672-1674)ののちは,オランダは覇権を失ったといえます.対して,商業革命にも成功したイギリスは,経済的繁栄を享受するとともに,学問の世界でも,フランスに並ぶ最先進国となりました.

たとえば,ホイヘンスと同じ17世紀前半生まれの科学者のうちで特に著名な人物を(ホイヘンス自身を含めて)列挙するなら,

エヴァンジェリスタ・トリチェリ(1608-1647,イタリア)

——トリチェリの真空

ブレーズ・パスカル(1623-1662,フランス)

——パスカルの原理

ロバート・ボイル(1627-1691,イギリス)

——ボイルの法則

クリスティアーン・ホイヘンス(1629-1695,オランダ)

——ホイヘンスの原理

ロバート・フック(1635-1703,イギリス)

——フックの法則

アイザック・ニュートン(1642-1727,イギリス)

——ニュートン力学

第1章　オランダ史上最高の科学者・数学者——クリスティアーン・ホイヘンス

といったところでしょうか．ごくわずかなサンプルではありますが，当時の科学の先進国が大まかに窺えます．

　いま見たリストに，万有引力の発見でも有名なニュートンが挙がっていたことからも想像がつくと思いますが，当時は，少し前の世代のガリレオ・ガリレイ（1564-1642）やヨハネス・ケプラー（1571-1630）の活躍を受けて天文学が大いに発展し，最先端の学問でした．また，当時の列強にとっては航海の技術向上がきわめて重要な課題であり，とりわけ，航海中に経度を正確に測定するためには正確な時計が不可欠であることが認識されていて，正確な機械式時計を作り上げることは，この時代の科学技術上の強い要請でした．少し時代は下りますが，1714年にイギリス議会が，経度を正確に測定する方法を発見した者に多額の懸賞金を出すという法律を制定したことは，この時代の象徴的なできごとです．

　このように，天文学と時計製作は，当時の科学の最先端の関心事だったのですが，ホイヘンスは，その両方の分野において多大な貢献をしています．ホイヘンスは，当時最先端の分野における最高クラスの科学者だったのです．ホイヘンスは，兄コンスタンティン（父と同名，1628-1699）とともに16歳まで父と家庭教師から教育を受けたのち，1645年から2年間ライデン大学で学び，法律と数学を修めました．さらに2年間オラニエ家の学校で学び，その後の17年間はハーグの生家にて科学研究に没頭します．

　その間の科学の業績（要点は後述します）がきわめてすぐれていたこともあり，1666年，当時ルイ14世のもとで巨大な権限を

もっていたフランスの政治家ジャン=バティスト・コルベールの招きでパリに移り住み，同年に新設されたフランス科学アカデミーの創立時会員22名のうちの唯一の外国人会員として登録されました．その後，1681年に病気療養のために故国オランダに帰るまではパリに在住していました．

その間もホイヘンスの業績は目覚ましいものでしたが，政治的状況は次第に悪化（フランス国内での新教徒への弾圧や，オランダとフランスの間の戦争など）していました．そのため，病気療養後にフランスに戻ることはままならず，残る生涯は，ハーグやその近郊で過ごしました．帰国後も科学の研究は精力的に続け，1695年にハーグにて66歳で没するまで，数多くの業績を挙げ続けました．

こうして見ると，科学者としてのホイヘンスの生涯は，その居住地により3つの時期に分けることができます．生家にいた時期，パリにいた時期，帰国してから没するまでの時期です．そこで，それぞれの時期に成し遂げた科学に関する主な業績（次節で紹介する数学の業績を除く）を以下で紹介しておきましょう．

生家にいた時期には，早くも1650年に流体静力学の論文（「液体に浮かぶものに関する3巻」と題するもの）を執筆しています．ホイヘンスといえば（あとでも触れる）光学における「ホイヘンスの原理」が有名ですが，1652年には光学の研究を開始しており，翌1653年にすでにこの分野の論文（「屈折および望遠鏡に関する論文」と題するもの）を執筆しています．そしてその後，自ら望遠鏡の改良を進め，それを用いて，天文学史上初の発

見をいくつも成し遂げました．

1655年には土星の衛星の第1号（のちにタイタンとよばれるもの）を発見し，さらに同年に，（当時は正体が謎であった）土星のそばにあるもの（いまでは「土星の環」とよばれるもの）が環状であることを発見しました．1656年には，オリオン大星雲を（ほかの人たちによる発見とは独立に）発見し，史上初の観測スケッチを残しています．

これらの天文学上の業績ですでに著名となっていた27歳のホイヘンスは，1657年（あるいは，見方によっては1656年の終わりころ）に，さらにその名を高める発明——振子時計の発明——を成し遂げました．すなわち，振子時計の製作に史上はじめて成功（特許状は1657年6月16日に発行）したのです．翌1658年には振子時計にさらに改良を加え，刊行した著書『時計』の中でその設計を詳細に示しました．こうした業績もあり，1663年には，まだ創設（1660年）からほどないロンドンの王立協会の会員に迎えられています．

次に，1666年にパリに移り住んでからの主な業績を見てみましょう．

1673年には，サイクロイド振子時計を主題とする著書『振子時計』をパリで刊行しました．同書は，サイクロイド曲線の数学的研究を基礎としたサイクロイド振子の等時性の発見をはじめとする科学的発見に基づきながら，技術的細部にも配慮した名著でした．また，1674年に到達した調和振動という物理学上の概念に基づき，翌1675年に，懐中時計にひげゼンマイ（渦巻状バネ）

のテンプ（等時性を作り出す環状の装置）をつける方法を考案しました．これにより懐中時計は非常に正確になり，それまでであれば1日に数時間狂っていたところを10分程度にまで縮めることに成功しました．そのため，ホイヘンスが発明したこの方式の時計が「史上初の実用的な機械式時計」とよばれることもあります．

　こうした物理学と技術とを融合した業績の一方でホイヘンスは，光の屈折そのものの原因という純粋に物理学的な問題も深く研究し続け，遅くとも1676年か1677年に「ホイヘンスの原理」による屈折の説明に到達しました．ホイヘンスの原理は「進行中の光の波面の各点は光源となってそこから2次波が発生し，その後の波面は，それらの2次波の包絡面として得られる」とするもので，（説明文がこれだけではよくわからないかもしれませんが，ともかく）この原理に基づけば，光の直進，反射，屈折の現象が見事に説明できます．のちにオーギュスタン・ジャン・フレネル（1788-1827）により改良を加えられた「ホイヘンス＝フレネルの原理」は，現在でも，種々の光学現象の正しい説明だと考えられています．

　この偉大な科学者が1681年に故国に帰ってからの科学の業績のうち，主なものを挙げれば以下のとおりです．1683年には，バネをもたない大型時計のための新しい振子を考案しました．1684年に著書『収差補正望遠鏡』を刊行していますが，その中で，いまでは「空気望遠鏡」とよばれる，筒をもたない望遠鏡の設計を説明しています（ただし，兄とともにこれを考案，製作し

たのはパリにいた1675年ころのことで,おそらくそのときのものが史上初の空気望遠鏡であろうと考えられています).1690年に刊行した『光についての論考』の中ではホイヘンスの原理が詳述されました.

なお,ホイヘンスは晩年もずっと研究を続けていたため,死後にも,たくさんの著書,論文が,遺作として発表されています.

総じていえば,科学に関してのホイヘンスは,当時の最高クラスの科学者であるとともに,時代の最先端の要求に応える最高クラスの技術開発者でした.その後者の点では,時計と望遠鏡が2つのキーワードであり,どちらの開発でも不朽の貢献をしました.また,オランダという国からすれば,ホイヘンスは,その黄金期にこそ登場しえた,全世界に誇るべき史上最高の科学者でした.

1-2 数学者としてのホイヘンス

ホイヘンスが活躍した時代,オランダは数学でも最盛期を迎えていました.17世紀前半におけるヨーロッパ最高の数学者といえば,第一にルネ・デカルト(ホイヘンスの父と親交があったことはすでに紹介しました)が挙げられます.1596年生まれのデカルトは,出身からすればフランス人ですが,1628年(ホイヘンスが生まれる前年)以降20年以上オランダに住み,主たる著作はどれもこの時期に書いています(1649年秋にスウェーデンに移住しましたが,翌年2月に風邪をこじらせ,肺炎を併発して

亡くなってしまいます）．

　数学者としてのデカルトは，個々の数学的発見においてももちろんすぐれた業績を残していますが，次世代への影響という点では，1637年初版の著作『幾何学』の刊行が最大の貢献といえます．デカルトは，フランソワ・ヴィエト（1540-1603）がはじめた記号代数学にさらに変量を導入するなどの画期的な改良を加え，ほぼ現在と同じ記号代数学を作り上げました．これは数学史に燦然と輝くまことに偉大な業績です．その記号代数学を，（それによって実に見事に展開できる）解析幾何学とともに世に発表したのが，この『幾何学』でした．

　しかしながら『幾何学』は，当時の学問の共通語であるラテン語ではなく，フランス語で書かれていました．また，体裁こそ今日の教科書風でしたが，整理は不十分であり，また，そもそも読みやすくすることを意図して書かれていませんでした．そこで，同書をラテン語に訳し，注釈や解説をつけて出版したのが，デカルトの弟子であったオランダ人のフランス・ファン・スホーテン（1615頃-1660）でした．

　ファン・スホーテンは1649年に『幾何学』の最初のラテン語訳を刊行したのち，さらに自分で書いた解説的な著書や他の数学者の論文などを加えた翻訳第2版を1659年と1661年に2巻本として出版しました（のちに同書は，1683年と1695年にも版を重ねました）．若き日のニュートンもゴットフリート・ライプニッツ（1646-1716）も，この翻訳第2版の『幾何学』を，ファン・スホーテンによる解説も含めて読み込み，デカルトによる最新の記号法

第1章 オランダ史上最高の科学者・数学者——クリスティアーン・ホイヘンス

や考え方を習得し,それがのちの微分積分学の創設へつながっていきました.

このように,デカルトによる最新の(難解な)数学を誰よりもよく理解することができていたファン・スホーテンは,もちろん自身も当時第一級の数学者でした.そのため,ファン・スホーテンのもとには,若い優秀な弟子が集まり,オランダの数学はそのころ最盛期を迎えたのでした.そのファン・スホーテンの弟子のうちの1人がホイヘンスでした.

この時代は,古代ギリシャ以来の無限小幾何学(たとえば,球の表面積や体積を求めることができた)が,デカルトによって完成された記号代数的言語によって,無限小代数解析ともいうべき微分積分学に転換されつつあった時期であり,その分野が当時の数学において最大の関心がもたれた最先端の分野でした.その微分積分学自体を(互いに独立に)ついに創始しえたのは,1629年生まれのホイヘンスよりひと回り以上若い1642年生まれのニュートンと1646年生まれのライプニッツでしたが,この学誕生前後の時期にあって,ホイヘンスも同分野で多大な貢献をしました.

そもそも1672年にライプニッツがパリに長期滞在していたときに,ライプニッツに数学の指導をし,この分野へと導いた人物こそホイヘンスでした.それからの5年間のうちにライプニッツは微分積分学の基礎を発見したといわれています.その後も両者の間では多くの手紙のやりとりがなされており,計76通の手紙が知られているそうです.

1-2 数学者としてのホイヘンス

　こうしてホイヘンスは，自身が微分積分学の「創始者」となるところまではいかなかったものの，当時の数学の最新分野で，ヨーロッパ中に知られる活躍をしました．実際，当時最先端の数学の難問に，ニュートンやライプニッツや，さらに若いヤコブ・ベルヌーイ（1655-1705）やヨハン・ベルヌーイ（1667-1748）といった次世代の超一流の数学者たちと肩を並べて取り組んでいました．

　ホイヘンスのこの分野の業績で特に有名なのは，サイクロイド曲線の研究です．この曲線の研究は，当時のほかの一流の数学者たちも取り組んでいた最先端の課題でしたが，ホイヘンスは自身の数学的研究から，物理的現象としてのサイクロイド振子（振子のおもりの軌道がサイクロイド曲線になるような振子）の等時性（振幅によらず周期が一定であるという性質）を発見しました．それを振子時計の設計に活かしたという話は（簡単ながら）前節で触れたとおりです．

　以上のように，ホイヘンスは微分積分学の草創期にその本流にいて大いに活躍をしたのですが，それより少し前，別の数学分野——確率論——においても，その草創期の最大の立役者として活躍しました．とりわけ同分野における史上初の論文を1657年に発表しました．それは不朽の功績です．そしてその論文こそ本書の主題です．

　実生活を考えると，確率論は，現代では数学の諸分野の中で最も身近で最も役立っているともいいうる重要分野です．その確率論を生み出した1人がホイヘンスだったということです．そして

第1章 オランダ史上最高の科学者・数学者——クリスティアーン・ホイヘンス

その確率論の創始は，次章でも述べますが，数学的な意味での「確率」という概念さえない時代に成し遂げられたということに注意しておきたいと思います．

　微分積分学を生み出したニュートンやライプニッツは，あえて比較すれば，ホイヘンスを凌ぐ数学的才能をもっていたといえるかもしれません．ですが，その2人の業績は，言ってみれば，当時誰もが気づいていた問題に対して最もすぐれた解答を与えたものでした．これに対し，ホイヘンスの確率論への貢献——ニュートンもライプニッツも数学的確率論にはほとんど何も貢献していません——は，当時のほとんどの数学者が気づいていなかった重要な問題の所在をホイヘンスは見てとっていた，ということを示唆します．その先見の明は，もちろん単純に比較できるものではありませんが，ニュートンやライプニッツに勝るとも劣らないといえるでしょう．

第2章

数学的確率論が
はじまるきっかけ

第2章 数学的確率論がはじまるきっかけ

　前章や本書のまえがきで触れたように，本書の主題は，ホイヘンスによって史上はじめて（1657年のことです）書かれた数学的確率論の論文です．17世紀中ごろまでは数学的な確率論は存在しませんでした．そのころまでは，ごく単純な場合について，複数のサイコロの目の和の出やすさを比較する方法などは知られていましたが，いまでいう「確率」に関するきちんとした数学的議論はまったくなかったのです．そこへ1654年になって2人の天才――パスカルとフェルマー――によって突如，数学的確率論が創始されました．本章では，その際の経緯を紹介し，ホイヘンスの論文の位置づけを解説します．

2-1 パスカルとフェルマーの往復書簡

　確率論史では，1654年にパスカルとフェルマーの間で取り交わされた何通かの手紙が数学的確率論の創始とよばれています．該当する手紙のうち6通が現存している一方，失われてしまっていることが明らかなものもあり，その完全な内容はわかりません．いずれにせよ，この一連の手紙の中で，それ以前は誰も解けなかった種類の――いまなら確率の問題とよばれる――いくつもの問題を，2人は新しい考え方を用いて解いたのでした．

　とりわけ，少なくとも150年以上の間，何人もの大数学者が取り組んでなお（現代の目からすると）誰も正解に達しえなかった「分配問題」とよばれる難問に，2人とも，しかも別々の手法で，正解を与えることができました．そのため，単純にいえば，この

分配問題の解決こそが数学的確率論のはじまりということができます．

後世にまでよく伝わった分配問題の最古の例は，近代会計学の父ともよばれるイタリアの数学者ルカ・パチョーリ（1445-1517）が1494年に書いた本に見られ，それは次のような問題でした．

> 📖 **パチョーリの分配問題**
>
> 2人で対戦して勝ったほうが賞金をすべてもらうというゲームがある．1回の得点は10点で，先に60点に達したほうが勝ちである．AとBがこのゲームをしていたところ，ある事情で途中で中止せざるをえなくなり，その時点でAは50点，Bは30点獲得していた．賞金はAとBにどのように分配すべきか．

この問題の条件をもっと明確にしつつ，もう少し一般的な問題に書き改めれば，次のとおりです．

> 📖 **少し一般化した分配問題**
>
> 2人で公平な勝負を繰り返し，先に n 回（上の例では $n=6$）の勝負に勝ったほうが賞金をすべてもらうというゲームをする．AとBがこのゲームをしていたところ，ある事情で途中で中止せざるをえなくなり，その時点でAは a 回（上の例では $a=5$）勝っており，Bは b 回（上の例では $b=3$）勝っていた．賞金はAとBにどのように分配すべきか．

この問題に対しパチョーリは，$a:b$（上の例では5：3）で分配すべきだと述べています．その後，1539年にイタリアの数学者ジロラモ・カルダーノ（1501-1576）が，AとBそれぞれがあと何回勝てばよいかを表す$p=n-a$と$q=n-b$（上の例では，$p=1, q=3$）に着目して，

$(1+2+\cdots\cdots+q):(1+2+\cdots\cdots+p)$
（上の例では $(1+2+3):1=6:1$）

で分配すべきだとしました．さらに1556年には，同じくイタリアの数学者ニコロ・フォンタナ・タルタリア（1499か1500-1557．「タルタリア」は本来はあだ名）が，

$(n+a-b):(n+b-a)$
（上の例では $(6+5-3):(6+3-5)=2:1$）

で分配すべきだとしました．しかし，これらの答えは，現代の目からするといずれも間違っています．

この難問を最初に正しく解いたのはパスカルでした．その際にパスカルが用いたのは，あとから見れば「数学的確率論」とよべるような新しいアイデアでした．

パスカルは，この分配問題を，過去の文献から知ったのではありませんでした．ある日，多才の友人シュヴァリエ・ド・メレ（1607-1684．本名はアントワーヌ・ゴンボー）から分配問題の一

種を持ちかけられたのがきっかけで取り組んだのです．そしてその問題に対する（現代の目から見ても）正しい答えを得ました．しかしながら，なにぶんそれはそれまで誰も正しい答えを得たことがないものでしたから，その問題を（その他の，現在では確率の問題とされるいくつかの問題とともに）フェルマーに手紙で知らせ，意見を交わし合いました．それが，いまでは数学的確率論のはじまりとよばれる往復書簡です．分配問題に対するパスカルとフェルマーそれぞれの解法は，ホイヘンスによる解法とともに，5章で紹介します．

1654年当時のパスカルとフェルマーといえば，ヨーロッパ最高の2大数学者でした．実際，17世紀前半を代表する数学者デカルトは1650年に亡くなっているし，本書の主人公ホイヘンスの名が知れわたるのはまだ少し先（土星の衛星を発見して広く名前が知られ始めるようになったのは翌年の1655年）ですし，さらに，17世紀後半に微分積分学を創始することになるニュートンとライプニッツそれぞれの誕生年は1642年と1646年ですから，1654年時点では彼らはまだ少年でした．

2-2 確率論へのホイヘンスの取り組み

パスカルとフェルマーの往復書簡の存在を当時すぐに知りえたのは，主にパリの最先端の数学者たちでした．彼らは，この新分野に大いに関心をもちました．しかし，フェルマー自身はこの新分野にさしたる関心をもたず，また，パスカルのほうも，往復書

第2章 数学的確率論がはじまるきっかけ

簡の直後の時期から宗教的哲学的思索に専念するようになってしまったため，この新分野についてのまとまった考察がすぐに著作の形で発表されることはありませんでした．そのため，往復書簡が交わされた直後は，パリの何人かの数学者たちが，未整理のまま，この新分野の問題に何とか取り組んでいるという状態でした．

そういう状態であった1655年の7月中ごろから11月末までの間，ホイヘンスはちょうどパリに遊学中でした．そのためその地で，この新分野の問題を知ります．ただし，パスカルやフェルマーの解法を知るには至らなかったようです．すなわち，問題を知ったはよいものの，自分自身で解法を見つけ出す必要がありました．

オランダに戻ったホイヘンスはすぐにこの新分野の問題に取り組み，1656年4月には本書の主題である論文の最初の草稿（オランダ語）を書き上げています．そして，その執筆作業と並行して，フランスの数学者たちに，自分の得た答えが彼らの答えと一致するかを問い合わせ，論考の完成度を高めていきます．

そうやってできあがった論文は，師であるファン・スホーテンの手によってラテン語に訳され，同氏が1657年に出版した当時最新の数学の教科書『数学教程』に収められました．論文のタイトルは「賭けにおける計算について」というものとなりました．こうして史上初の数学的確率論の論文が世に出たのです．

具体的な内容は次章以降で詳しく紹介しますが，この論文は単に事実として史上初の数学的確率論の論文だったというだけでな

く，その内容もきわめてすぐれたものでした．その反響は大きく，広く内容が知れわたった一方，この論文の内容を超える著作は，以後50年間は出ることがありませんでした．

　たとえば，英語版は1692年と1714年に出版されています．また，次世代の大数学者ヤコブ・ベルヌーイ（1654-1705）が書いたこの分野の主著『推論術』（4部構成．没後の1713年に出版）の第1部は，ホイヘンスのこの論文の詳しい解説にあてられています．

　以上のような当時の受容状況からして，また，実際にその内容を見ても，ホイヘンスのこの論文は，数学的確率論草創期の到達点を余すところなく伝えるものといえます．次章以降，いよいよその内容を詳しく見ていきましょう．

Column

Huygensの読み方

　日本語で「ホイヘンス」とあてている"Huygens"の発音は，カナ表記するなら「ハウヘンス」とするのがふさわしいような発音であることを第1章の冒頭で紹介しました．英語話者はこれを（カナ表記で発音を記すなら）「ハイゲンズ」等と発音することも紹介しました．

　世界的に活躍した著名な数学者高木貞治（1875-1960）が，あるエッセイの中で，フランス人の話をして次のように書いているのも，参考になると思います．

　…外国語の話せる人でもフランス語の中では，外国人の名前でも，フランス風に言うのであった．…今度はチューリヒのコングレスの折だったか，ある席上で，この話が出たとき，誰かが言った：
　　── フランス人がウイジャンと呼んでいる学者があるが誰のことかわかるかね．
　　── わからない．さっぱり見当がつかない．
　　── だろう．それはね，Huyghensのことなのだ．ねえ，そうでしょう，Ch.君．
フランス人のCh.君が，その通りですと言ったので皆笑い出して，Ch.君少しきまり悪そうであった．
　これがフランス流なのだ．ちょうど漢字で書いた中国人の名を吾々が日本風に読むのと同じようである．

　ちなみに，引用にあるHuyghensという綴り（途中にhが入っている）も，非オランダ語話者による「勝手」な綴りの一例です．

第3章

ホイヘンス論文の
あらすじ

第3章 ホイヘンス論文のあらすじ

本章では，ホイヘンスの論文「賭けにおける計算について」（以下では適宜，簡単に「ホイヘンス論文」とよびます）のあらすじを紹介します．

3-1 ホイヘンス論文の構成

前章で述べたように，ホイヘンス論文は，ファン・スホーテンが出版した『数学教程』という本の末尾に収められました．そのため，冒頭部分に，ファン・スホーテンによる読者向けのまえがきと，ホイヘンスが（形式上は）ファン・スホーテンにあてて書いた前置きがあり，そのあとに本文が続きます．

本文ではまず，論文の主題が述べられ，また，論文で考察される諸問題を扱う際の前提として「仮説」が提示されます．そのあとは，問題とその解法の提示という体裁が14問ぶん（問題Ⅰ～ⅩⅣ）続き，それがホイヘンス論文の中心部分です．ただし，問題Ⅸと問題Ⅹの間には，特に見出しなどないものの，ある種の確率問題（サイコロに関する問題）を扱うにあたっての予備的考察が展開されています．また，問題ⅩⅣのあとには，さらに5問（問題(Ⅰ)～(Ⅴ)）が提示されていますが，これらには解法の提示はなく，原則として答えだけは提示されていますが，どうやって解くべきかは読者に任されています．便宜のため，以上の項目を列挙し直せば，次のとおりです．

　　　ファン・スホーテンによるまえがき

ホイヘンスによる前置き
　　　論文の主題と仮説の提示
　　　問題Ⅰ～Ⅸ
　　　サイコロの問題に関する考察
　　　問題Ⅹ～ⅩⅣ
　　　問題(Ⅰ)～(Ⅴ)

　これらを，順を追って紹介しましょう．ただし，本論文における仮説や各問題の中身は次章以降で詳しく解説します（それが本書の中心部分です）ので，それらに対する本章における紹介は，ごく簡単なものとなります．

3-2 まえがきと前置き

　ファン・スホーテンは，そのまえがきで，ホイヘンス論文がどうして『数学教程』の末尾に収められたのかを説明します．同書は，デカルトが発達させた記号代数学が，従来の数学の諸問題にいかに見事に適用できるかを紹介し，解説するものです．その応用にさらに大きな可能性があることを理解してもらうためには，ホイヘンスが見出した最新の理論を見てもらうのが実に時宜を得たことであるとファン・スホーテンは考えました．それゆえ，その論文を同書に収めたというのです．

　ファン・スホーテンによるまえがきに続き，形式上は，ホイヘンスがファン・スホーテンにあてて書いた前置きがあります．そ

の中からホイヘンス論文の内容を理解するために重要と思われる部分を抜粋し，適宜言葉を補いつつ要約すれば，以下のとおりです．

　　記号代数学が適用される領野の広さを，その多様性によって示そうという『数学教程』の趣旨からすれば，本論文はきっと役に立つと思います．実際，不確実で偶然に委ねられていることがらを理性によって確定することはきわめて困難であると思われますので，それをなしうる学問は感嘆に値すると思われることでしょう．

　本論文が扱っているのは，単なる精神の遊戯ではなく，深遠な思索の基礎づけです．その一方，ここで扱う問題は，単なる数の特性以上の何かを含んでいますので，おそらく，より楽しいものと見なされるでしょう．

　著者（ホイヘンス）はこの問題の第一発見者ではなく，少し前にフランスの高名な数学者たちが携わっています．しかし彼らは，難解な多くの問題をお互いに提出し合ってお互いを試しはしましたが，方法というものを欠いていました．したがって著者は，すべてを基礎から始めることができるように自身で吟味し，深く考察しなければなりませんでした．それゆえ，著者が彼らと同じ第一原理から出発しているとは限りません．しかし，結果に関しては完全に一致していることを，多くの機会に確認しました．

　本論文の最後には，いくつかの問題を，解法を示さずに

提出しています．そのようにした第一の理由は，解答に導く推論をきちんと提示するには，あまりに多大な労苦が必要であるとわかったからです．第二の理由は，何か探究すべきことがらを読者に残しておくことも有益だと考えたからです．

以上のうち最後に述べられている「第二の理由」についてだけ補足すれば，ホイヘンスのこの狙いは，確率論史の観点からいえば，実に見事にあたりました．というのは，ホイヘンスの次に確率論を発展させた人々は，この論文で解法抜きに示された問題にまさしく取り組んだ結果，新たな考え方や新たな手法を発見し，それがそのまま確率論の発展となったからです．このことに関するより具体的な話は，本書のあとの章で触れることにします．

3-3 論文の主題と仮説の提示

論文本文の最初の部分には，論文の主題と仮説が提示されています．ホイヘンスは，その冒頭で次のように述べます．

純粋に偶然的な賭けにおいては，結果は不確実であるが，しかし，ある競技者が勝ったり負けたりする機会は，ある定まった価値をもっている．たとえば，ある人がサイコロを1個振って1回めに6の目を出すことに賭けるとすれば，その人が勝つか負けるかは不確実であるが，賭けに

> 負ける機会のほうが勝つ機会よりもどれくらい多いかは定まっており，計算可能である．

そして，ほかの計算可能な例をいくつも列挙してから，次のように述べます．

> …このような計算は，すべての人に知られているわけではなく，しばしば有用なことがあるので，私はその計算法を簡潔に示そうと思う．

そのような計算は「すべての人に知られているわけではない」どころか，当時は，主にフランスにいたほんの一握りの最先端の数学者のみに可能なものでした．その計算法を明らかにすることが本論文の主題です．

ところで，その「計算」とは何の計算なのでしょうか．本書でこれまで述べてきたことからすれば，もちろんそれは，いまでいう「確率」に関わる計算です．ですが，もっとホイヘンス自身の言葉に則していえば，それはどういう計算なのでしょうか．

そこで鍵となる用語は「機会」です．機会は，定義しようとするとなかなかやっかいなものです．ただし，結果としての機会の値は，現在の高校数学などで確率計算をするときに登場する「場合の数」と基本的に同じものになると考えておいてよいでしょう．実際，上で触れた「サイコロを1個振って1回めに6の目を出すことに賭ける」という例の場合は，賭けに負ける機会（場合

の数）が5に対して，勝つ機会（場合の数）は1であり，機会の比は5：1という結果になります．

現在の確率計算では，この5や1という値を，全体の場合の数である6で割った$\frac{5}{6}$や$\frac{1}{6}$を「負ける確率」や「勝つ確率」と称して「確率」の計算をします．これに対し，ホイヘンスは（その同時代の人たちとともに），「機会の比」を求めることを目的とします．実のところ，当時は「確率」という概念さえありませんでした．

いずれにせよ，ホイヘンス論文の目的は，賭けという題材をとり，結果が不確実なことがらの価値を，機会の比の計算によって求める方法を示すことでした．そしてその計算は，いまでいう確率に関する計算と実質的には一致するものだったのです．

ホイヘンスは，論文の主題を提示したのち，論文で考察される諸問題を扱う際の前提として「仮説」を提示します．その内容は実に巧妙なものであり，パスカルもフェルマーも（少なくとも他人にわかる形では）提示しえなかったホイヘンス独自のものであり，また，実際，この仮説のおかげでホイヘンス流の確率計算は実に見事に展開されていきます．仮説の具体的な内容は，次章で解説します．本書の最終章では，この仮説の現代的意義についても解説します．

3-4 論文で扱われる問題

すでに述べたように，「仮説」が提示されたあとは，論文の最

後まで，具体的な問題が扱われます．問題は，解法まで記載のあるもの14問（問題Ⅰ～XIV）と解法抜きのもの5問（問題(I)～(V)）の計19問あり，本書の次章以降でそのすべてを紹介します．ここでは簡単に，どういった種類の問題が扱われているのかを紹介しておきます．

◎問題Ⅰ～Ⅲ

問題Ⅰ～Ⅲは，本論文の仮説を適用し，のちの問題のための命題を導くものとなっています．ここではまだ「賭け」の問題は登場しません．問題Ⅰ～Ⅲの詳細は次章で解説します．

◎問題Ⅳ～Ⅸ

問題Ⅳ～Ⅸは，さまざまな分配問題です．問題Ⅳ～Ⅶは，競技者が2人の場合の分配問題であり，5章で紹介します．問題Ⅷ～Ⅸは，より一般の場合の分配問題であり，6章で紹介します．

◎問題Ⅹ～XIV

問題Ⅹの前には，特に見出しなどないものの，サイコロに関する問題を扱うにあたっての予備的考察が展開されており，そのあとの問題Ⅹ～XIVはすべてサイコロに関する問題です．問題Ⅹ～Ⅻは，サイコロの賭けで不利にならないための条件に関する問題であり，7章で紹介します．問題Ⅷ～XIVは，サイコロに関するその他の問題であり，8章で紹介します．

◎問題(I)〜問題(V)

ホイヘンスが論文末尾に提示した問題(I)〜(V)は，問題の内容としては，ここまでの問題の延長線上にある応用問題です．ただし，ホイヘンス流のアプローチだと，答えはちゃんと出るものの，途中の計算が非常にやっかいになるものを集めたものになっています．問題(I)〜(II)は9章で，問題(III)〜(IV)は10章で，問題(V)は11章で紹介します．このうち特に問題(V)は，のちに「ギャンブラーの破産問題」とよばれ，確率論の発展に大きな役割を果たしました．

第4章
「公正な賭け」という仮説
──問題I～III

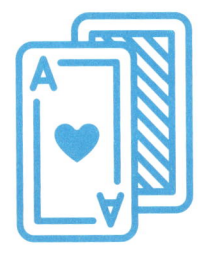

第4章 「公正な賭け」という仮説——問題Ⅰ〜Ⅲ

本章では，ホイヘンス論文が最初に提示する「仮説」と，それを適用して得られる命題に関する問題である問題Ⅰ〜Ⅲを紹介します．

4-1 ホイヘンス流アプローチの解説

18世紀以降の確率論は，「確率論」とよばれることからして当然かもしれませんが，「確率」という概念から出発して理論を構築してきました．ですが，それよりも前の時代に活躍したホイヘンスがとっていた方法はこれとは違っていました．確率よりも先に期待値，期待値よりも先に「公正な賭け」というところから出発しているのです．

あらかじめ述べておきますと，こうしたホイヘンスの方法は古びて使い物にならないものではなく，現代においても重要な意味をもつアプローチです．このことは本書全体を通して徐々に明らかにしていき，最終章でもう一度まとめなおします．

いずれにせよ，ホイヘンスのアプローチは，たとえば現在の高校数学に出てくる確率計算とはだいぶ違っています．この点にはあらかじめ十分注意しておいてください．

さて，ホイヘンスは，「賭けにおける計算」という新たな数学の分野を構築するにあたって，次の仮説を導入します．

> **📖 ホイヘンスの仮説**
>
> ある賭けにおいてある人があるものを勝ちとる機会がもつ

価値は，その人がその価値のものを所有している場合に，公正な賭けによって，つまり誰の不利も目指していない賭けによって，その同じ機会を自らに与えることができるような価値である．

なかなか読みとりにくい文章だと感じるかもしれません．特に「機会」という概念がやっかいです．

「機会」の原語（ラテン語）は"chance"であって，英訳すればやはり"chance"となる語です．上の仮説の文章も，「機会」のところを「チャンス」と置き換えたほうが，日本語としても意味がわかりやすいかもしれません．いずれにせよ，ホイヘンス自身もそうしているように，この仮説を実際に適用する例をすぐに見ることによって，この仮説の意味を探ってみましょう．ホイヘンスの問題Ⅰが最初の例です．

問題Ⅰ

私がaかbかいずれかを獲得する等しい機会をもつということは，私にとって$\frac{a+b}{2}$の価値がある［ことを示せ］．

「aかbかいずれかを獲得する等しい機会をもつ」とは，「aかbかいずれかを五分五分で獲得する」ということです．この問題を解くためにまず，求める価値をxとします．そして，仮説を適用するために，このxを元手に，「aかbかいずれかを獲得する等しい機会をもつ」賭けで，明らかに公正なもの（誰にとっても不利

にならないもの）を構成する方法を考え出します．

そこで，賭け金をxとして，ほかの1人の相手と賭けをすることを考えます．そして相手の賭け金もxとして，賞金合計は$2x$とし，五分五分のゲームをして勝者がa，敗者が残り$2x-a$を受けとることとします．こうすれば明らかに公正な賭けです．この賭けが「aかbかいずれかを獲得する等しい機会をもつ」賭けになっているためには，

$$2x - a = b$$

となっていればよく，実際そうすれば，目的は達成できます．したがって，$2x-a=b$を満たす

$$x = \frac{a+b}{2}$$

が求めたかった価値であり，これで題意の証明も終了です．□

こうして求まる「価値」は，現代では**期待値**とよばれるものであり，期待値という概念はホイヘンスが最初に考え出したとしばしば言われるゆえんです．以上を踏まえると，先の仮説は，次のように言いかえることができます．

📖 ホイヘンスの仮説（期待値の計算方法）

ある賭けの期待値は，xを元手に同じ効果の賭けを公正な賭けとして構成できるときのxの値である．

最近の理論に詳しい読者は，これを見て，20世紀に考え出された無裁定価格理論の先駆けだと考えるかもしれません．資産の価格は，無裁定条件（コストをかけずに確実に利益を得ることはないという条件）のもとで，同じ効果の（価格のわかる）資産を複製することによって決定することができるという理論です．

たしかに共通点はあるし，その共通点を強く否定する必要もありませんが，ホイヘンスの確率論と無裁定価格理論とでは，目的も背景もまったく違いますので，この点でホイヘンスの先駆性を強調しすぎるのはあまりよくありません．少なくとも経済学の議論とは，とりあえず切り離して考えたほうがよいです．その一方，「確率とは何か」を考えるとき，ホイヘンスの出発点は，現代においても大いに参考になることはたしかであり，この点については，本書最終章で論じます．

ところで，問題Ⅰを見たとき，現代の人はどうやって解くでしょうか．おそらく「aかbかいずれかを獲得する等しい機会をもつ」という文言を「aを得る確率もbを得る確率も等しく$\frac{1}{2}$である」と解釈して，

$$求める値 = \frac{1}{2} \times a + \frac{1}{2} \times b = \frac{a+b}{2}$$

と計算するでしょう．

ですがこれは，確率というテクニカルタームや（事実上）期待値というテクニカルタームがすでに定義された上で，その場合の一定の規則に従って計算しているものです．したがって，この現

第4章 「公正な賭け」という仮説——問題I〜III

代的計算方法のほうが簡単に見えるとしたら，おそらくそれは，慣れているからです．その方法は，暗黙のうちに多数の前提を置いているので，たった1つの仮説から同じ答えを導いているという点からすれば，数学的には，ホイヘンスの方法のほうがよほど簡明だといえます．

いずれにせよ，ホイヘンスの考え方にもっと慣れるため，ほかの問題も解いてみましょう．

問題 II

私がa, b, cのいずれかを獲得する等しい機会をもつということは，私にとって$\dfrac{a+b+c}{3}$の価値がある［ことを示せ］．

今度は，たとえば以下のような賭けを考えればよいです．自分を含めて3人で賭けをし，3人ともxずつ賭け金をもちよります．そして，3人にとって公平なゲームをして1人だけ勝者を決めることにします．その際，自分以外の第一の人との間では，勝者が相手の場合は自分がb受けとり，勝者が自分の場合は相手がb受けとる（これは公正な賭けです）こととし，第二の人との間では，勝者が相手の場合は自分がc受けとり，勝者が自分の場合は相手がc受けとる（これは公正な賭けです）こととします．すると，勝者が自分のときは，ほかの2人がbとcをそれぞれ受けとるので，自分は残りの$3x - b - c$を受けとることになります．この公正な賭けが「a, b, cのいずれかを獲得する等しい機会をもつ」ようになっているためには，

$$3x - b - c = a$$

となっていればよく，実際そうすれば，目的は達成できます．したがって，$3x - b - c = a$を満たす

$$x = \frac{a+b+c}{3}$$

が求めたかった価値です．□

ホイヘンスによるこうした解き方をどう思うでしょうか．いちいちうまい賭け方を考えなければならないので，現代人からするとやけに面倒に思えるかもしれません．しかし，こうした「証明」は一度行えばよいのであり，いったん結論が得られれば，あとはその結果をどんどん応用していけばよいですから，実用上は面倒ではありません．実際，ここまで来れば，同様の考えにより（厳密には数学的帰納法が必要ですが）一般に，n個の可能性a_1，……，a_nのいずれかを獲得する等しい機会をもつことの価値は，

$$\frac{a_1 + \cdots\cdots + a_n}{n}$$

であるとわかります．

結果の応用範囲がさらに広い，次の問題も解いてみましょう．

問題 III

私がaを獲得するp回の機会とbを獲得するq回の機会をもつということは，各機会が等価な場合には，私にとって$\dfrac{pa+qb}{p+q}$の価値がある［ことを示せ］．

第4章 「公正な賭け」という仮説——問題 I〜III

今度も，前問と同様に以下のような賭けを考えればよいです．自分を含めて $p+q$ 人で賭けをし，誰もが x ずつ賭け金をもちよります．そして，全員にとって公平なゲームをして 1 人だけ勝者を決めることにします．その際，q 人の競技者との間でそれぞれ，勝者が相手の場合は自分が b 受けとり，勝者が自分の場合は相手が b 受けとる（これは公正な賭けです）こととし，残りの $p-1$ 人との間でそれぞれ，勝者が相手の場合は自分が a 受けとり，勝者が自分の場合は相手が a 受けとる（これは公正な賭けです）こととします．すると，勝者が自分のときは，ほかの人たちが合計で $qb+(p-1)a$ を受けとるので，自分は残りの $(p+q)x-qb-(p-1)a$ を受けとることになります．こうして，b を獲得する q 回の機会と a を獲得する $p-1$ 回の機会と $(p+q)x-qb-(p-1)a$ を獲得する 1 回の機会をもつ公正な賭けが得られますが，これが「a を獲得する p 回の機会と b を獲得する q 回の機会をもつ」ようになっているためには，

$$(p+q)x - qb - (p-1)a = a$$

となっていればよく，実際そうすれば，目的は達成できます．したがって，この等式を満たす

$$x = \frac{pa+qb}{p+q}$$

が求めたかった価値です．□

4-2 ホイヘンス流アプローチの応用

ホイヘンス論文の「仮説」で提示されている方法は，ここまでに見てきた問題Ⅰ〜Ⅲで示されるような命題を得るのに大変有効です．その一方，いったんそうした命題を得たのちには，多くの問題はそれらの命題を用いて解けばよく，いちいち「仮説」の方法に立ち返る必要はありません．それでも，ときには，その方法に立ち返ることにより，大変見通しがよくなる場合があります．例として次の問題を考えてみましょう．

> 📖 **チャック・ア・ラックの問題**
>
> チャック・ア・ラックという賭けがある．その賭けでは，1から6までの数字のどれか1つに賭ける．それからサイコロを3個同時に振る．その結果，賭けた数字の目が1つでも出れば賭け金は戻ってきて，それに加えて賞金として，賭けた数字の目の出たサイコロの個数が3個なら賭けた額の3倍，2個なら2倍，1個なら同額が胴元からもらえる．1個も出なければ，賭け金は胴元に没収される．この賭けが胴元に有利な賭けであることを示せ．

この問題に接したとき，現代の標準的なアプローチでは，賭け金を（たとえば）1として，賭けた側が1回の勝負で得られる額の期待値を（詳しい説明は省きますが）以下のようにして求めま

第4章 「公正な賭け」という仮説――問題Ⅰ～Ⅲ

す．

　求める値

　　＝4×賭けた数字の目のサイコロが3個となる確率

　　　＋3×賭けた数字の目のサイコロが2個となる確率

　　　＋2×賭けた数字の目のサイコロが1個となる確率

　　　＋0×賭けた数字の目のサイコロが1個もない確率

$$= 4 \times \left(\frac{1}{6} \times \frac{1}{6} \times \frac{1}{6} \right)$$
$$+ 3 \times \left(\frac{1}{6} \times \frac{1}{6} \times \frac{5}{6} \times 3 \right)$$
$$+ 2 \times \left(\frac{1}{6} \times \frac{5}{6} \times \frac{5}{6} \times 3 \right)$$
$$+ 0$$
$$= \frac{4 + 45 + 150}{216} = \frac{199}{216}$$

　そして，この値が賭け金（この場合は1）より小さいので，賭けた側が不利，すなわち胴元が有利であるとわかります．でも，こうした期待値の計算は，やや面倒です．

　これに対し，ホイヘンス流のアプローチにならって，わかりやすい賭けを再構成してみると，胴元が有利なことは瞬時に見てとることができます．そのためには，すべての可能性に賭けてみることを考えればよいです．1から6までのどの可能性も均等なので，6人の競技者を用意して，それぞれが別の数字に（たとえば）1ずつ賭ける場面を想定してみるのです．そしてその場合，ルールから，賞金の合計額はつねに3であることに注意します．サイコロを振った結果，3つの目が全部違う場合には，賞金1をもら

う人が3人出ますが，その勝者3人の賭け金は本人たちの手元に残したまま，胴元は，敗者3人の賭け金を回収して，それをそのまま勝者3人に賞金として渡せばよいです．そうでない場合には，勝者は1人か2人なので胴元は賭け金を4か5回収しますが，賞金の支払いはつねに3で済みます．このように，胴元は決して損をしないので，これは胴元に有利な賭けであることが直ちにわかります．

Column

宇宙の彼方のホイヘンス

　2005年1月14日，欧州宇宙機関（ESA）の小型探査機が土星の衛星タイタンへ突入して着陸に成功しました．その探査機の名前は「ホイヘンス」です．もちろん，本書の主役クリスティアーン・ホイヘンスに因んで名付けられたものです．

　その50年前の1955年，ホイヘンスの肖像は，オランダの25ギルダーの（当時の）新紙幣に使われました．

　ギルダーとは，ヨーロッパにユーロ通貨ができる前にオランダで使われていた通貨です．紙幣に描かれたホイヘンスの肖像の周りには，土星を含むいくつかの天体の図があしらわれていました．そうした図が描かれたのは，デザインの都合の面もあったかもしれませんが，ホイヘンスが活躍したきわめて多くの分野のうち，天文学での活躍の印象がとりわけ強いことを示しています．

　探査機「ホイヘンス」のタイタンへの着陸成功は，ホイヘンスが1655年に土星の衛星としてこの天体を世界ではじめて見つけてから350年後の快挙でした．ホイヘンスは，自身でいろいろ改良を重ねた当時最高能力の望遠鏡で，その星が反射するわずかな光をやっと捉えることができたのですが，その遠い星に，350年後の人類は探査機を着陸させたのです．

　地球からタイタンまでの距離は（近いときと遠いときとで数億キロ！の違いがありますが）およそ15億キロです．これは，地球から太陽までの距離のおよそ10倍で，人類のロケットで辿りつくには数年を要し，光でも80分かかります．そんなはるか彼方のタイタンに，いまも探査機「ホイヘンス」は置かれています．天体に設置されている人工物のうちで，地球から最も遠い距離にあるものだそうです．

第5章

分配問題
（競技者2人の場合）
―問題Ⅳ～Ⅶ

第5章 分配問題（競技者2人の場合）——問題Ⅳ～Ⅶ

5-1 ホイヘンス流の解法の解説

　前章で紹介した問題で基礎事項を扱ったホイヘンスは，次にいよいよ本格的な確率問題に取り組みます．それは，パスカルとフェルマーとの間の往復書簡で中心的に扱われた「分配問題」であり，この種の問題が解けてこそ，数学的確率論といえます．

> **問題 Ⅳ**
>
> 　私があるほかの人と賭けをして，［一連の公平な勝負をして］どちらが先に3回勝つかを争っているとしよう．そして，私はすでに2回勝っており，相手は1回勝っているとしよう．われわれがこの賭けを中断して賭け金を公正に分配しようとする場合，賭け金のどれだけの部分が私に支払われるべきなのかを求めたい．

　前章で紹介したように，賭けを中断したときの分配をどうするかという，本問のような「分配問題」は，遅くとも15世紀にまで遡れる問題でありながら，ホイヘンス論文が出る数年前にパスカルとフェルマーによって解かれるまで，長らく誰も「正しく」解けなかった難問です．ですがその難問も，ホイヘンスの「公正な賭け」という考え方を使うと実にあっさりと解けてしまいます．それだけホイヘンスの方法は画期的でした．

実際にホイヘンスの方法で解いてみましょう．この問題で求めたいのは，賭けを中断した時点での賭けの期待値です．仮に中断せずに勝負を続けたとしたら，次の最初の勝負で自分が勝った場合には自分が賭け金の全体を獲得します．その賭け金全体の額をaとします．その一方，相手が次の最初の勝負に勝った場合には，2勝ずつで並ぶので，自分と相手の賭けの期待値は等しくなるはずですから，その時点での期待値はともに$\frac{1}{2}a$です．自分が最初の勝負に勝つか相手が最初の勝負に勝つかは五分五分なので，結局自分はaか$\frac{1}{2}a$かいずれかを獲得する等しい機会をもつことになりますが，このことは問題Ⅰによれば

$$\frac{a+\frac{1}{2}a}{2} = \frac{3}{4}a$$

と等価です．すると，相手には$\frac{1}{4}a$残ることになるので，自分と相手の間では

$$\frac{3}{4}a : \frac{1}{4}a = 3 : 1$$

の割合で分配すればよいです．□

このように，ホイヘンスの方法によれば，「公正な賭け」を基礎とした期待値計算により分配問題の答えは簡単に出ます．それでは，こうした分配問題を，パスカルとフェルマーはどう解いたのでしょうか．

実はパスカルの計算式は，ホイヘンスとほぼ同じです．そのた

第 5 章 分配問題（競技者 2 人の場合）——問題 IV～VII

めもあり，パスカルもすでに期待値の考え方に到達していたという説もあります．ただし，パスカル自身が提示している説明を見る限り，パスカルが分配問題を解くときに出発点としているのは，（ホイヘンスの出発点とは違う）次の 2 つの原則です．

> 原則 1：今後の勝負がどうなるかによらず一定額が受けとれるときには，その額は全額受けとるべきである．
> 原則 2：次の勝負でどちらが勝っても，勝ったほうだけがある決まった一定額を受けとれる状態で中断したときには，その一定額は 1：1 で折半すべきである．

この原則 2 は，ホイヘンスの問題 I と実質的に同じです．つまり，ホイヘンスは「公正な賭け」という，より基本的な原理からこれを導いていました．また，ホイヘンスのその基本原理は，パスカルの原則 1 も導くことができます．したがって，ホイヘンスのほうがより基本的な原理から出発しているといえます．

一方，フェルマーは，問題 IV を以下のように解きます．この賭けは，中断しなかったとしたら，あと高々 2 回の勝負で決着がつきます．そこで，形式的にともかくあと 2 回の勝負を行うことを想定し，その場合のすべての可能性を列挙します．すると，「勝ち，勝ち」「勝ち，負け」「負け，勝ち」「負け，負け」という 4 通りの可能性が考えられ，どれも等しい機会と考えられます．そして，そのうちの最初の 3 通りの場合に自分が全額を獲得し，残りの 1 通りの場合に相手が全額を獲得するので，中断した時点で

は3：1に分配すべきだと結論するのです．

　これは非常に簡単な計算です．簡単な計算になったのは，機会の比の計算をしやすくするために，実際には早く決着がつく場合にはいわば消化試合をすることにして，形式上，必ず同じ回数の勝負を行うことにしたからです．そこで，フェルマーのこの手法を**消化試合論法**とよびましょう．消化試合論法は，本問の答えを出すには実に見事な方法です．しかし，賞金を得る可能性が3：1であることから分配金も3：1とすべきであると結論するのには，ややギャップがあるように見えます．フェルマー自身は「自明だ」というのかもしれませんが，少なくとも，その「ギャップ」を埋める説明をフェルマー自身はしてくれていないのは事実です．やはりこの点で，ホイヘンスのほうがより基本的な原理から出発して，飛躍することなく論を進めているといえます．

　このようにホイヘンスは，より基本的な原理から出発して，パスカルやフェルマーと同じ結果を得ることに成功しています．とはいえ，たった1つの分配問題の例を見ただけでは，その方法がどれだけ汎用的かはよくわからないでしょう．ホイヘンス自身，いろいろな例を挙げているので，1つひとつ見ていきましょう．

> **問題Ⅴ**
>
> ［私が前問と同様に一連の公平な勝負による賭けをして］私はあと1勝のところまで来て，相手はあと3勝のところまで来ている［ところで中断した］としよう．このように想定された場合に，賭け金を分配する問題．

第 5 章 分配問題（競技者 2 人の場合）——問題 IV 〜 VII

この場合は，以下のように考えればよいです．自分が最初の勝負に勝った場合には，賭け金の全額 a を手に入れます．相手が最初の勝負に勝った場合には，前問と同じ状況になります．そのときの自分の期待値は $\frac{3}{4}a$ でした．したがって自分は a か $\frac{3}{4}a$ かいずれかを獲得する等しい機会をもつことになりますが，このことは問題 I によれば

$$\frac{a + \frac{3}{4}a}{2} = \frac{7}{8}a$$

と等価です．すると，相手には $\frac{1}{8}a$ 残ることになるので，自分と相手の間では

$$\frac{7}{8}a : \frac{1}{8}a = 7 : 1$$

の割合で分配すればよいです．□

問題 VI

[前問と同様だが，今度は] 私はあと 2 勝のところまで来て，相手はあと 3 勝のところまで来ているとしよう．

今度の場合，自分が最初の勝負に勝った場合は，自分はあと 1 勝，相手はあと 3 勝となって前問と同じ状況（そのときの期待値は $\frac{7}{8}a$ でした）になり，相手が最初の勝負に勝った場合は，自分も相手もあと 2 勝ずつという五分の状況（そのときの期待値は $\frac{1}{2}a$ です）になります．したがって自分は $\frac{7}{8}a$ か $\frac{1}{2}a$ かいずれ

かを獲得する等しい機会をもつことになりますが、このことは問題Ⅰによれば$\frac{11}{16}a$と等価です。したがって、自分と相手の間では11：5の割合で分配すればよいです。□

> **問題Ⅶ**
>
> ［今度は］私はあと2勝のところまで来て、相手はあと4勝のところまで来ているとしよう。

読者にはもう解法がわかるでしょう。計算の手間はそれなりにかかりますが、それを省略して答えだけ書けば、分配の割合は13：3です。□

5-2 競技者が2人の分配問題の一般的解法

競技者が2人の場合の分配問題については、ホイヘンスは前節で紹介した問題だけで話を終えています。これだけ例題を示しておけば、競技者が2人の場合の一般的な解法は十分に示唆されるとホイヘンスは考えたのでしょう。その（ホイヘンス自身は明記してくれなかった）一般的な解法を、やや現代的な表記を使いながら示せば、以下のとおりとなります。

賭け金の全額を（ホイヘンスはaとおきますが、割合だけわかればよいので）1とし、自分はあとm勝、相手はあとn勝で決着がつく状況で中断した場合の自分の期待値を$a(m, n)$で表すことにします。ただし、m, nはともに0以上の整数であり、両方とも

第 5 章　分配問題（競技者 2 人の場合）——問題Ⅳ～Ⅶ

0 ということはないものとします．m か n の一方だけが 0 であるときは決着がついており，$m=0$ のときは自分が全額を獲得し，$n=0$ のときは相手が全額を獲得しますので，

$a(0, n) = 1, \quad a(m, 0) = 0$

です．そして，m, n がともに 0 より大きいときは，自分は $a(m-1, n)$ か $a(m, n-1)$ かいずれかを獲得する等しい機会をもつことになりますので，問題Ⅰの結果から，

$$a(m, n) = \frac{a(m-1, n) + a(m, n-1)}{2}$$
$$= \frac{1}{2}a(m-1, n) + \frac{1}{2}a(m, n-1)$$

という漸化式が得られます．そこで，この漸化式をもとに必要な計算を行えばよいです．ただし，実際の計算では，対称性から任意の $m > 0$ について

$a(m, m) = \dfrac{1}{2}$

ですので，適宜これも使います．

たとえば，$a(2, 4)$（問題Ⅶ）の値を計算したければ，順次，

$a(0, 2) = a(0, 3) = a(0, 4) = 1$
$a(2, 0) = 0$
$a(1, 1) = a(2, 2) = \dfrac{1}{2}$

$$a(1, 2) = \frac{1}{2}a(0, 2) + \frac{1}{2}a(1, 1) = \frac{1}{2} \times 1 + \frac{1}{2} \times \frac{1}{2} = \frac{3}{4}$$

(問題Ⅳの答え)

$$a(1, 3) = \frac{1}{2}a(0, 3) + \frac{1}{2}a(1, 2) = \frac{1}{2} \times 1 + \frac{1}{2} \times \frac{3}{4} = \frac{7}{8}$$

(問題Ⅴの答え)

$$a(1, 4) = \frac{1}{2}a(0, 4) + \frac{1}{2}a(1, 3) = \frac{1}{2} \times 1 + \frac{1}{2} \times \frac{7}{8} = \frac{15}{16}$$

$$a(2, 3) = \frac{1}{2}a(1, 3) + \frac{1}{2}a(2, 2) = \frac{1}{2} \times \frac{7}{8} + \frac{1}{2} \times \frac{1}{2} = \frac{11}{16}$$

(問題Ⅵの答え)

と計算していき,最後は,

$$a(2, 4) = \frac{1}{2}a(1, 4) + \frac{1}{2}a(2, 3) = \frac{1}{2} \times \frac{15}{16} + \frac{1}{2} \times \frac{11}{16} = \frac{13}{16}$$

とすればよいです.

ホイヘンスは,こうした一般的な解法を得るところまでで満足していたようですが,少し先輩のパスカルは,もう一歩先まで進んでいました.実のところ,いわゆる「パスカルの3角形」を使えば,競技者が2人の場合の分配問題の答え,たとえば上記の $a(2, 4)$ の値は,瞬時に計算できるのです.その方法を以下で紹介しておきましょう.なお,パスカルがこの計算方法を見出したのは1654年のことと思われますが,その内容を記した著書が出

版されたのはパスカルの死後の1665年のことであり，1657年のホイヘンス論文よりも後のことです．

まず**パスカルの3角形**を説明しましょう．それは，図のような数表のことです．この数表を作るには，まず1行めと1列めの各マスにすべて1を入れ，その他のマスには，すぐ上のマスとすぐ左のマスの数を足したものを入れていきます．たとえば，上から2行めで左から2列めのマスには2が入っていますが，これはすぐ上の1とすぐ下の1を足したものであり，その右隣が3なのは，すぐ上の1といま入れた（2行め2列めの）2を足したものです．こうして計算していけば，左上のほうから右下のほうへと順に，必要なだけマスを埋めていくことができます．

パスカルの3角形

1	1	1	1	1	1	1	1
1	2	3	4	5	6	7	
1	3	6	10	15	21		
1	4	10	20	35			
1	5	15	35				
1	6	21					
1	7						
1							

いま見た数表の形がパスカルのオリジナルに近いのですが，現在の高校の教科書などでは，次の図のような形のものを見ることが多いです．現れる数を見比べてみれば，こちらの作り方も明ら

かでしょう．

```
              1
             1 1
            1 2 1
           1 3 3 1
          1 4 6 4 1
        1 5 10 10 5 1
       1 6 15 20 15 6 1
     1 7 21 35 35 21 7 1
```

どちらにしても，途中で区切れば3角形の形をしており，それゆえ「パスカルの3角形」とよばれます．パスカル自身は「算術3角形」とよんでいました．3角形ですから「底辺」という言葉も用意しておくと便利です．パスカルの3角形の2段めの底辺は(1, 1)，3段めの底辺は (1, 3, 3, 1)，4段めの底辺は (1, 4, 6, 4, 1)，…という具合です．

この3角形の使い方はいろいろありますが，最も基本的な使い方は，n個のものからk個のものを選び出すときの組合せの数$_nC_k$を計算することです．たとえば5個のものA, B, C, D, Eから2個のものを選び出す組合せは，

(A, B), (A, C), (A, D), (A, E), (B, C), (B, D), (B, E), (C, D), (C, E), (D, E)

の10通りあるので、$_5C_2 = 10$なのですが、この数は、パスカルの3角形の6段めの底辺の左から3番めに現れます。一般に、n個のものからk個のものを選び出すときの組合せの数$_nC_k$は、$n+1$段めの底辺の左から$k+1$番めに現れます。そのため、あらかじめこの数表を十分に大きく作っておけば（足し算だけしていけばよいからそれは単純作業です），求めたい組合せ数が瞬時にわかるというわけです。

さて，分配問題に戻りましょう。たとえば問題Ⅶの答えによれば，自分があと2勝のところまで来て，相手があと4勝のところまで来ているときには，13：3に分配するのでした。パスカルはこれを実に簡単に計算することができました。それにはまず，両者にそれぞれ必要な勝数である2と4とを足すと6であることから，パスカルの3角形の6段めの底辺

(1, 5, 10, 10, 5, 1)

に注目します。そして，底辺の合計

$1 + 5 + 10 + 10 + 5 + 1 = 32$

のうち，（相手に必要な勝数が4であることから）底辺の右側4つの数を加えた

$10 + 10 + 5 + 1 = 26$

を自分への分配とし，残りの

$$1+5=6$$

を相手への分配とします．すなわち，

$$26:6=13:3$$

で分配すればよいのです．

　実に簡単な計算です．そして，たしかにホイヘンスが求めた結果とも一致します．一般に，自分はあとm勝，相手はあとn勝が必要な状況では，パスカルの3角形の$m+n$段めの底辺に注目し，そのうちの右側n個の数の和と，そのうちの左側m個の数の和との比で，自分と相手とに分配すればよいです．

　それにしても，どうしてこのような仕方で答えが求まるのでしょうか．それを説明するには，（ホイヘンスでもパスカルでもなく）フェルマーの消化試合論法を用いるのがおそらく最も簡単です．引き続き，両者が必要な勝数がそれぞれ2と4である場合を例にして，計算がうまくいくわけを説明してみましょう．消化試合論法では，この状況では勝負はあと高々5回行えば決着することに注目します．そして，実際に形式上5回勝負を行った場合にどういう可能性があるかを考察します．すると，いずれにせよ，5回中2回以上自分が勝っていれば（相手は高々3勝しかしていないはずですから）自分が賞金を得ることになり，5回中1回以下しか自分が勝っていなければ（相手は少なくとも4勝していることになりますから）相手が賞金を得ることになります．ところで，5回の勝負の結果は全部で

第5章 分配問題（競技者2人の場合）——問題IV〜VII

$2^5 = 32$

通りの（等価な）可能性があります．そのうち，

　(i) 自分が2勝する場合の数は，5個のうちから2個を選ぶ組合せ数に等しく，それは，パスカルの3角形の6段めの底辺の左から3番め，すなわち右から4番めに現れ，

　(ii) 自分が3勝する場合の数は，同様に，6段めの底辺の右から3番めに現れ，

　(iii) 自分が4勝する場合の数は，6段めの底辺の右から2番めに現れ，

　(iv) 自分が5勝する場合の数は，6段めの底辺の右から1番めに現れます．

したがって，自分が賞金を得る場合の数は，パスカルの3角形の6段めの底辺の右側4つの数を加えた

　$10 + 10 + 5 + 1 = 26$

ということになります．同様に，相手が賞金を得る場合の数は，パスカルの3角形の6段めの底辺の左側2つの数を加えた

　$1 + 5 = 6$

ということになります（この結果からもわかるように，たしかにすべての場合の数は$26 + 6 = 32 = 2^5$となっています）．したがっ

て，これらの数の比

$$26 : 6 = 13 : 3$$

で分配すべきだということになるのです．

第6章

分配問題（一般の場合）
―― 問題 VIII～IX

第6章 分配問題（一般の場合）——問題VIII～IX

6-1 ホイヘンス流の解法の解説

前章では，競技者が2人の場合の分配問題を見ましたが，競技者が2人よりも多い場合はどうなるでしょうか．ホイヘンスは，まず3人の場合の簡単な例題を出します．

> **問題VIII**
>
> 今度は，3人が一緒に賭けをしているとして，第一の人はあと1勝のところまで来て，第二の人もあと1勝のところまで来ているが，第三の人はあと2勝のところまで来ていると想定しよう．

これは以下のようにして解けばよいです．賭け金の全額を1として，第一の人はあとl勝のところまで来て，第二の人はあとm勝のところまで来て，第三の人はあとn勝のところまで来ているところで中断したときの第一の人の期待値を$a(l, m, n)$とします．本問では$a(1, 1, 2)$を求めることができれば十分です．そして，問題IIによれば，

$$a(1, 1, 2) = \frac{a(0, 1, 2) + a(1, 0, 2) + a(1, 1, 1)}{3}$$

であり，また，明らかに

$$a(0, 1, 2) = 1, \quad a(1, 0, 2) = 0, \quad a(1, 1, 1) = \frac{1}{3}$$

であるから，

$$a(1, 1, 2) = \frac{1 + 0 + \frac{1}{3}}{3} = \frac{4}{9}$$

となります．本問では，対称性から第一の人と第二の人の分配は同じであり，また，その残りが第三の人に分配されることから，3人への分配の割合は，

$$\frac{4}{9} : \frac{4}{9} : (1 - \frac{4}{9} \times 2) = 4 : 4 : 1$$

となり，これが本問の答えです．□

ホイヘンスは，いま見た解法を一般化して次のように表現します．

問題 IX

与えられた数の各競技者にあと必要な勝数がそれぞれ与えられたとき，各競技者の取り分を計算するためには，まず，取り分を知ろうとする競技者自身が次の最初の勝負に勝った場合，およびほかの各競技者がそれぞれ勝った場合に，当の競技者に帰属することになるものを考慮しなければならない．そして，これらの取り分すべてを加え，その合計を競技者の数で割れば，当の競技者の取り分が見出される．

こうした文章は，ある程度は式を使って，たとえば次のように書いたほうがはっきりするでしょう．

問題 IX（式による表現）

競技者が n 人いて，それぞれにあと必要な勝数が $m_1, \cdots, m_n$ であるとき，（たとえば）第一の競技者の取り分を $a(m_1, \cdots, m_n)$ で表し，その値を計算するためには，まず，第一の競技者自身が次の最初の勝負に勝った場合，およびほかの各競技者がそれぞれ勝った場合に，第一の競技者に帰属することになるもの，すなわち，

$a(m_1 - 1, m_2, \cdots, m_n),$
$a(m_1, m_2 - 1, m_3, \cdots, m_n),$
$\cdots\cdots,$
$a(m_1, \cdots, m_{n-1}, m_n - 1)$

を考慮しなければならない．そして，これらの取り分すべてを加え，その合計を競技者の数で割った

$$\frac{a(m_1 - 1, m_2, \cdots, m_n) + \cdots + a(m_1, \cdots, m_{n-1}, m_n - 1)}{n}$$

の値が，第一の競技者の取り分である．

こうした漸化式を使って計算していけば求めたい分配が得られることは，これまでの数々の例題から明らかでしょう．

6-2 解法の比較

漸化式を使ったホイヘンスによる方法は，ともかく機械的に計算していくことができて非常に単純であり，とりわけ現代のように計算機の発達した時代には大変便利な方法です．これに対しフェルマーの方法だと，競技者の人数が少なく，かつ，各競技者に必要な勝数が少ない場合には，大変見通しがよくて計算も簡単に済みますが，一般には計算が大変です．

たとえば，$a(2, 3, 5)$ を求める場合には，ホイヘンスのやり方だと，

$$a(m_1, m_2, m_3), \quad m_1 = 1, 2 \,;\, m_2 = 1, 2, 3 \,;\, m_3 = 1, 2, 3, 4, 5$$

という $2 \times 3 \times 5 = 30$ 個の値を漸化式によって順次求めていけば済みます．手計算では大変ですが，計算機を使えば簡単に計算を実行させることができ，計算量も大したことはありません．

これに対しフェルマーの方法では，この場合は（実は）最多で8試合で決着がつくことから，$3^8 = 6561$ 通りの場合につき，それぞれ誰が賞金を得るかを調べる必要があります．誰が賞金を得るかは単純な式で表せるものではありませんし，いまの例から察しがつくと思いますが，競技者の人数や各競技者に必要な勝数が増えていくと調べるべき対象の数が爆発的に増えていってしまい，手計算はもちろん，計算機にも向いていません．

一方，パスカルなら，ホイヘンスと同様の漸化式の方法で解く

ことができたと思われますが，競技者が2人の場合についてパスカルが見出したような簡単な計算方法は，3人の場合にはありません．また，現代の確率論にしても，このような分配問題に対しては，漸化式を用いた方法よりも簡単な方法があるわけではありません．

結局のところ，一般の場合の分配問題は，ホイヘンスと同様に漸化式を用いて解く方法が，現在でも最も有効な方法なのです．

第7章

サイコロの賭けで不利にならないための条件の問題
――問題Ⅹ〜Ⅻ

第7章 サイコロの賭けで不利にならないための条件の問題—— 問題X〜XII

7-1 ホイヘンス流の解法の解説

　ホイヘンスは，分配問題の次に，サイコロを用いた賭けに関するさまざまな問題の検討に移ります．その最初の問題は，次のとおりです．

> **問題X**
>
> 1個のサイコロを振って6の目を［1回以上］出すことを引き受ける場合，何回振ることにすればよいのかを見出すこと．

　この問題の意味は少し解説が必要かもしれません．たとえば，「サイコロを3回振ったときに，6の目が1回以上出ることに賭けるのと，出ないことに賭けるのとではどちらのほうが有利か」という問いであれば，意味はわかるでしょう．実はこの問いの答えは「出ないことに賭けるほうが有利だ」というものですが，問題Xは「それでは，サイコロを何回［以上］振ることにしたら，6の目が1回以上出ることに賭けるほうが有利になるか」というものです．

　本問に対するホイヘンス流の解答は以下のとおりです．
　賭けに勝った場合には金額aが得られるとします．サイコロを1回だけ振って6の目が出ることに賭けるとすると，賭けに勝つのは6の目が出る1回の機会であるのに対し，賭けに負けるのは

その他の目が出る5回の機会ですので,この賭けの期待値は,問題Ⅲによれば

$$\frac{1\times a + 5\times 0}{6} = \frac{1}{6}a$$

であり,賭けの相手の期待値は,残りである$\frac{5}{6}a$です.したがって,サイコロを1回だけ振る場合の賭けは自分のほうが不利です.

次にサイコロを2回振る場合の賭けの期待値を計算します.1回めに6の目が出ればaを手に入れます.1回めに6の目が出なければ,サイコロをあと1回振ることになりますが,その場合の期待値は,前段落の計算により$\frac{1}{6}a$です.そして,1回めに6が出る機会は1回に対し,出ない機会は5回ですので,aを獲得する1回の機会と,$\frac{1}{6}a$を獲得する5回の機会をもっていることになります.したがって,この賭けの期待値は,問題Ⅲによれば

$$\frac{1\times a + 5\times \frac{1}{6}a}{6} = \frac{11}{36}a$$

であり,賭けの相手の期待値は$\frac{25}{36}a$です.したがって,この場合もまだ自分のほうが不利です.

同様にして,サイコロを3回振る場合の賭けの期待値を計算すると,

$$\frac{1\times a + 5\times \frac{11}{36}a}{6} = \frac{91}{216}a$$

であり,賭けの相手の期待値は$\frac{125}{216}a$ですので,まだ自分のほうが不利です.そしてサイコロを4回振る場合の賭けの期待値は

$$\frac{1\times a + 5\times \frac{91}{216}a}{6} = \frac{671}{1296}a$$

であり，賭けの相手の期待値は $\frac{625}{1296}a$ ですので，ようやく自分のほうが有利になります．

したがって，この賭けは，サイコロを4回以上振ることにすればよいのです．□

このようにホイヘンス流の解法は，分配問題のときもそうでしたが，すでに求めた期待値を用いて次の段階の期待値を表すという仕方で期待値を順次計算していきます．その方法は汎用的であり，見事です．実は，本問の計算に限っていえば，「6の目が1回も出ない」ことに賭けた場合の期待値（つまり，相手方の期待値）を計算したほうが簡単です．まず，サイコロを1回だけ振る場合の（6の目が出ないことの）賭けの期待値は $\frac{5}{6}a$ です．サイコロを2回振る場合は，勝つには1回めに6以外の目が出るほかないことに注意すると，賭けの期待値は

$$\frac{1\times 0 + 5\times \frac{5}{6}a}{6} = \frac{5}{6}\times \frac{5}{6}a = \frac{25}{36}a$$

です．同様に，3回振る場合は

$$\left(\frac{5}{6}\right)^3 a = \frac{125}{216}a$$

であり，4回振る場合は

$$\left(\frac{5}{6}\right)^4 a = \frac{625}{1296}a$$

であると簡単に計算できます．

ホイヘンス自身がこの計算の工夫に気づいていたようすはありませんが，ホイヘンス流の解法のすぐれた点は，その普遍性にあるので，現代の目から見て多少の回り道をしているように見えたとしても，それは大きな欠点ではないでしょう．現在の標準的な解法との比較は，次節で触れることにします．

いずれにせよホイヘンスは，これ以降の種々の問題を見ればもっとわかってきますが，かなり面倒な計算もいとわず行っています．とはいえ，当時は電卓もない時代です．何らかの計算の工夫は必須ともいえます．次の問題の解法では，計算の工夫の話も出てきます．

問題XI

2個のサイコロを振って6のゾロ目を［1回以上］出すことを引き受ける場合，何回振ることにすればよいのかを見出すこと．

本問に対するホイヘンス流の解答は以下のとおりです．

賭けに勝った場合には金額aが得られるとします．サイコロを1回だけ振って6のゾロ目が出ることに賭けるとすると，賭けに勝つのは（6のゾロ目が出る）1回の機会であるのに対し，賭けに負けるのは（それ以外の目が出る）35回の機会ですので，この賭けの期待値は，問題IIIによれば

$$\frac{1 \times a + 35 \times 0}{36} = \frac{1}{36}a$$

です．これをもとに前問と同様に考えれば，サイコロを2回振る場合の賭けの期待値は，

$$\frac{1 \times a + 35 \times \frac{1}{36}a}{36} = \frac{71}{1296}a$$

です．

ここでこれをもとに3回振る場合，次は4回振る場合，…と一歩一歩計算していくのであれば，前問とまったく同様の解法ということになりますが，本問では少し工夫をします．実際，3回振る場合の期待値を計算せずにも，4回振る場合の期待値は計算できます．4回振るうち，最初の2回のうちに6のゾロ目が出ればaを獲得します．そうならなかった場合には，あと2回サイコロを振ることになりますが，そのときの期待値は上述の計算から$\frac{71}{1296}a$です．また，最初の2回のうちに6のゾロ目が出る機会は，やはり上述の計算から71回であるのに対し，そうならない機会は$1296 - 71 = 1225$回です．したがって，4回振る場合の賭けの期待値は，

$$\frac{71 \times a + 1225 \times \frac{71}{1296}a}{1296} = \frac{178991}{1679616}a$$

です．

同様の工夫をすれば，8回振る場合の期待値は，

$$\frac{178991 \times a + (1679616 - 178991) \times \frac{178991}{1679616}a}{1679616}$$

という計算式で計算できます．そしてこの結果をもとに同様の計算で16回振る場合の期待値を計算することができます．また，24回振る場合の期待値を計算したければ，8回振る場合の期待値の計算の結果と16回振る場合の期待値の計算の結果を考慮すればよいです．

とはいえ，これらの計算結果の桁数は非常に大きくなり，ホイヘンスは具体的な数値を明記していません．どうやら適当な概数にして計算をしていたようです．ともかくホイヘンスは，答えを出すのに必要な計算をして，サイコロを24回振る場合の賭けはまだ少し不利で，25回振る場合にはじめて有利になると（正しく）結果を述べています．□

この問題も，「6の目がゾロ目が1回も出ない」ことに賭けた場合の期待値（つまり，相手方の期待値）を計算したほうが簡単です．前問と同様の考え方で計算すれば，一般にサイコロを n 回振る場合の賭けの期待値は

$$\left(\frac{35}{36}\right)^n a$$

という式で表されることがわかります．この場合でも，計算機のない時代にこれを計算するには，やはりホイヘンスのような工夫は有効です．たとえば $n=24$ の場合であれば，

$$\left(\frac{35}{36}\right)^4 = \left(\frac{35}{36}\right)^2 \times \left(\frac{35}{36}\right)^2$$

$$\left(\frac{35}{36}\right)^8 = \left(\frac{35}{36}\right)^4 \times \left(\frac{35}{36}\right)^4$$

$$\left(\frac{35}{36}\right)^{16} = \left(\frac{35}{36}\right)^8 \times \left(\frac{35}{36}\right)^8$$

$$\left(\frac{35}{36}\right)^{24} = \left(\frac{35}{36}\right)^{16} \times \left(\frac{35}{36}\right)^8$$

という式に基づいて上から順に計算していき，$n=25$ の場合であれば，$n=24$ のときの結果をもとに

$$\left(\frac{35}{36}\right)^{25} = \left(\frac{35}{36}\right)^{24} \times \frac{35}{36}$$

という式で計算します．

次の問題はどうでしょうか．

問題XII

いくつかのサイコロを同時に振って6の目を2つ［以上］出すことを引き受けるには，何個のサイコロを振ればよいのかを見出すこと．

前問までの2問は「何回振ればよいか」というものでしたが，今度は「何個振ればよいか」というものです．ですがもちろんこの問題は，ホイヘンス自身も指摘しているとおり，

サイコロを続けて振っていって，そのうちで6の目が2回以上出ることを引き受けるには，何回振ることにすれば

よいのかを見出すこと

という問題と同じです．この問題をホイヘンス流の解法で，ただし，少し現代的に数式を使いながら，解くとすれば，以下のとおりとなります．

　例によって，賞金を a とします．サイコロを n 回振ることができる場合に，6の目が1回以上出ることに賭けたときの賭けの期待値を $f(n)$ とし，同じ場合に，6の目が2回以上出ることに賭けたときの賭けの期待値を $g(n)$ とします．

　求めたいのは $g(n)$ のほうですが，まずは $f(n)$ を求めておきます．とはいえ，これは実は解決済みで，問題Xの解答で見た方法により，任意の $n = 1, 2, \cdots$ について $f(n)$ の値を求めることができます．具体的には，

$$f(n) = \left\{1 - \left(\frac{5}{6}\right)^n\right\} a$$

と表されます（ホイヘンス自身は，こうした表現で表さず，必要になったときに必要なだけ具体的な値を求めていますが，本質的には変わりません）．

　では，$g(n)$ はどうでしょう．サイコロを n 回振ることができるとき，最初に6の目が出た場合のその後の賭けの期待値は，定義により $f(n-1)$ であり，最初に6以外の目が出た場合のその後の賭けの期待値は，定義により $g(n-1)$ です．また，最初に6の目が出る機会は1回であるのに対して，6以外の目が出る機会は5

回です．したがって，問題Ⅲによれば

$$g(n) = \frac{1 \times f(n-1) + 5 \times g(n-1)}{1+5} = \frac{1}{6} f(n-1) + \frac{5}{6} g(n-1)$$

という漸化式が得られます．ここで，$g(n)$の意味から$g(1) = 0$であることに注意すれば，いま得た漸化式に基づいて$g(n)$の値を順次求めていくことができます．具体的には，

$$g(2) = \frac{1}{6} f(1) + \frac{5}{6} g(1) = \frac{1}{6} \times \frac{1}{6} a + \frac{5}{6} \times 0 = \frac{1}{36} a$$

$$g(3) = \frac{1}{6} f(2) + \frac{5}{6} g(2) = \frac{1}{6} \times \frac{11}{36} a + \frac{5}{6} \times \frac{1}{36} a$$

$$= \frac{16}{216} a = \frac{2}{27} a$$

という具合であり，(手計算だとなかなか面倒ですが) いとわずに計算していけば，

$$g(9) \fallingdotseq 0.45734a, \quad g(10) \fallingdotseq 0.51548a$$

であることがわかります．

したがって，サイコロを振る回数が9回までは自分が不利ですが，10回以上だと有利になります．もとの問題文に則していえば，9個のサイコロを同時に振るのではまだ不利ですが，10個以上のサイコロを同時に振ると有利になります． □

7-2 現代の解き方との比較

ホイヘンスの解法は汎用的ですが，本章で見た問題に関していえば，現代の方法と比べるとずいぶん面倒に見えます．まずは，現在おそらく標準的と思われる解法を見てみましょう．問題は次のとおりでした．

> 📖 **問題X（再掲）**
>
> 1個のサイコロを振って6の目を［1回以上］出すことを引き受ける場合，何回振ることにすればよいのかを見出すこと．
>
> 📖 **問題XI（再掲）**
>
> 2個のサイコロを振って6のゾロ目を［1回以上］出すことを引き受ける場合，何回振ることにすればよいのかを見出すこと．
>
> 📖 **問題XII（表現を少し変えて再掲）**
>
> サイコロを続けて振っていって，そのうちで6の目が2回以上出ることを引き受けるには，何回振ることにすればよいのかを見出すこと．

いまであれば，どの問題に対しても，サイコロをn回振ったときの賭けに勝つ確率を考え，それが$\frac{1}{2}$を超える最小のnを求め

第7章 サイコロの賭けで不利にならないための条件の問題——問題X～XII

るのがふつうです．

問題Xの場合は，

n 回投げたときに勝つ確率

$=n$ 回中1回以上6の目が出る確率

$=1-(n$ 回中1回も6の目が出ない確率$)$

$=1-(n$ 回とも6以外の目が出る確率$)$

$$= 1 - \left(\frac{5}{6}\right)^n$$

であり，いろいろな n について計算するのは，いまの計算機を使えば簡単で，その値が $\frac{1}{2}$ を超える最小の n は4であるとすぐにわかります．

問題XIの場合は，

n 回投げたときに勝つ確率

$=n$ 回中1回以上6のゾロ目が出る確率

$=1-(n$ 回中1回も6のゾロ目が出ない確率$)$

$=1-(n$ 回とも6のゾロ目以外の目が出る確率$)$

$$= 1 - \left(\frac{35}{36}\right)^n$$

であり，いろいろな n について計算するのは，いまの計算機を使えばやはり簡単で，その値が $\frac{1}{2}$ を超える最小の n は25であるとすぐにわかります．

問題XIIの場合は，

n 回投げたときに勝つ確率

$=n$ 回中2回以上6の目が出る確率

$$= 1 - (n回中1回も6の目が出ない確率)$$
$$ - (n回中ちょうど1回だけ6の目が出る確率)$$
$$= 1 - (n回とも6以外の目が出る確率)$$
$$ - \{(n回中の1回めだけ6の目が出る確率)$$
$$\phantom{=1 -\{} + (n回中の2回めだけ6の目が出る確率)$$
$$\phantom{=1 -\{} + \cdots\cdots + (n回中のn回めだけ6の目が出る確率)\}$$
$$= 1 - \left(\frac{5}{6}\right)^n - n\left(\frac{1}{6}\right)\left(\frac{5}{6}\right)^{n-1}$$

です．この式の値をいろいろなnについて計算するのも，いまの計算機を使えばやはり簡単で，その値が$\frac{1}{2}$を超える最小のnは10であるとすぐにわかります．□

このように，現代の解法のほうがずいぶんとすっきりとしています．それでは，本章で見たタイプの問題に関しては，ホイヘンスの方法を考慮する必要はもうないのでしょうか．実はそうでもありません．このことを以下で説明しましょう．

最初に要点を述べておくと，本章で見た3問のように比較的単純な問題の場合には，いまの時代にわざわざホイヘンス流の解法を使う必要はありませんが，もっと複雑な問題に対してはホイヘンス流の解法が有効になってきます．ただし，ホイヘンス流の解法の細かい体裁まで踏襲する必要はありません．特に，現代人からすると「確率」という概念を導入しておいたほうがわかりやすいでしょう．そこでまずは，「確率」を定義しましょう．

第7章 サイコロの賭けで不利にならないための条件の問題——問題X〜XII

> 📖 **確率の定義**
>
> ある事象が起きると1が得られ，起きないと何も得られないという賭けを想定したとき，その賭けの期待値のことを，その事象が起きる**確率**という．

この定義はややこしいと感じるかもしれません．この定義については，あとの章でまた説明します．もし現時点でややこしいと感じるとしても，次の2点に留意しておいてもらえればさしあたりは問題ありません．

- この定義による「確率」も，その値を計算すれば，現代の確率論による「確率」の値と一致する．
- ともかくも，ホイヘンス流のアプローチでも，このようにして「確率」というものを（導入しようと思えば）導入することは可能である．

さて，この定義に基づくと，問題IIIに対応した次の命題が得られます．

> 📖 **問題IIIに対応する命題**
>
> ある事象の起きる確率がaである機会がp回あり，その事象の起きる確率がbである機会がq回あるとき，各機会が等価な場合には，その事象が起きる確率は$\dfrac{pa+qb}{p+q}$となる．

本章で見てきたタイプの問題に対しては，この確率概念を使って，（賭けの期待値に関する漸化式の代わりに）賭けに勝つ確率に関する漸化式を立てるのが，現代的なホイヘンス流の解法となります．

さて，ホイヘンス流の解法が，ほかの解法よりも威力を発揮するのは，問題がある程度以上複雑なときです．次の例題を見てみましょう．

> **例題**
>
> サイコロを続けて振っていって，途中で6の目が2回以上連続で出ることが1回以上起きることを引き受けるには，何回振ることにすればよいか．

この問題に対し，本節の最初に見た現代的な考え方により，賭けに勝つ確率を直接計算しようとしても，なかなかうまい方法はありません．しかし，このような複雑な問題でも，ホイヘンス流の解法は相変わらず使えます．そこが強みです．具体的には，以下のように考えます．

サイコロをn回振ることができる場合に，途中で6の目が2回以上連続で出ることが1回以上起きる確率を$p(n)$とします．そして，n回中の最初の2回の結果を3通りに場合分けします．1つめは，2回とも6の目が出る場合で，その場合の数は1であり，2つめは，最初に6の目が出てその次に6以外の目が出る場合で，その場合の数は5であり，3つめは，最初に6以外の目が出る場合

第7章 サイコロの賭けで不利にならないための条件の問題——問題Ⅹ〜Ⅻ

で，その場合の数は$5 \times 6 = 30$です．場合の数の合計がちゃんと$6 \times 6 = 36$になっていることにも注意しましょう．

すると，問題Ⅲに対応する命題（厳密にいえば，それをもう少し一般化した命題であり，次章で登場するもの）と$p(n)$の定義とから，

$$p(n) = \frac{1 \times 1 + 5 \times p(n-2) + 30 \times p(n-1)}{36}$$
$$= \frac{1}{36} + \frac{5}{6} p(n-1) + \frac{5}{36} p(n-2)$$

という漸化式が得られます．$p(n)$の意味から$p(1) = 0$であり，$p(2)$すなわちサイコロを2回だけ振るときに勝つ確率は$\frac{1}{36}$とすぐわかりますから，これらを出発点にすれば，$p(n)$を順次求めることができます．そして，そういった計算は，それこそ現代の計算機を使えば容易に実行ができて，

$$p(29) \fallingdotseq 0.49961, \qquad p(30) \fallingdotseq 0.51178$$

となり，答えは「30回」ということになります．□

実は，本問に出てくる漸化式は，（漸化式の取り扱いに慣れている人には）まだ特別に難しいものではなく，解法は省略して漸化式の解として得られる$p(n)$の一般式だけ記せば，

$$p(n) = 1 - \frac{9 + 4\sqrt{5}}{18} \left(\frac{5 + 3\sqrt{5}}{12} \right)^{n-1} - \frac{9 - 4\sqrt{5}}{18} \left(\frac{5 - 3\sqrt{5}}{12} \right)^{n-1}$$

となります．しかし，本問の答えを出したいのであれば，こうし

た$p(n)$の一般式を求めようとしている間に，具体的な$p(n)$の値を計算していったほうがずっと早いでしょう．それに，$p(n)$の一般式を先に求めたところで，$p(n)$の値が$\frac{1}{2}$を超える最小のnを求めるにはさらに計算を，しかも，ホイヘンスの時代に手で計算するのはとても無理な計算をしなければなりません．このような次第であることからも察しがつくとおり，実のところ，漸化式がさらにややこしくなったときには，ホイヘンス流の解法はますます有効になります．

第 **8** 章

サイコロの賭けの期待値や
オッズの問題
── 問題 XIII 〜 XIV

第8章 サイコロの賭けの期待値やオッズの問題 —— 問題XIII〜XIV

8-1 ホイヘンス流の解法の解説

　ホイヘンスは，サイコロの賭けに関する問題をさらに紹介します．次の問題は，これまでも頻繁に使ってきた問題Ⅲの手法をもう少し一般化することを示唆するものです．問題は次のとおりです．

> **問題XIII**
>
> 　私があるほかの人と賭けをして，2個のサイコロを1回振り，目の和が7になれば私の勝ち，10になれば相手の勝ち，それ以外であれば賭け金を等分する，と仮定する．この場合に，それぞれに帰属する賭け金の取り分を見出すこと．

　この問題の場合，賭けの結果が2通りでなく3通りとなっています．ところが，この手の問題を解くときにつねに使ってきた問題Ⅲでは，結果が2通りの場合を想定していました．そのため，問題Ⅲの結果に基づいた形できちんと解答を書くためには，結果をまずは2通りに分ける必要があります．本問の場合は，たとえば，勝ち負けが決まる場合とそうでない場合の2通りに分けます．そして，次のステップとして，勝ち負けが決まる場合の値を評価するために，それを，勝ちの場合と負けの場合の2通りに分けます．こうすれば，問題Ⅲの結果のみを使って，問題を解いていくことができます．そして，それがホイヘンス自身の示した解法でした．具体的に解法を示すと以下のとおりです．

例によって賭け金の総額をaとします．2個のサイコロを投げたときにありうる結果の36通りのうち，目の和が7となって自分が勝つのは6通りで，10となって相手が勝つのは3通りで，残りの結果となって賭け金を等分するのは27通りです．したがって，勝負がつく場合の賭けの期待値は，問題IIIによれば，

$$\frac{6\times a+3\times 0}{6+3}=\frac{2}{3}a$$

です．そして，勝負がつくのが$6+3=9$通りであるのに対して，勝負がつかないのが27通りであり，また，勝負がつかない場合には$\frac{1}{2}a$が得られますから，この賭けの期待値は，

$$\frac{9\times \frac{2}{3}a+27\times \frac{1}{2}a}{36}=\frac{13}{24}a$$

であり，相手の期待値は$a-\frac{13}{24}a=\frac{11}{24}a$です．したがって，取り分の比は13：11です．□

解法の中で賭けの期待値を計算した式をいっぺんに書き表せば，

$$\frac{9\times \frac{6\times a+3\times 0}{6+3}+27\times \frac{1}{2}a}{36}$$

となります．これを少し変形すると，

$$\frac{6\times a+3\times 0+27\times \frac{1}{2}a}{6+3+27}$$

となります．すなわち，aが得られる機会が6回，何も得られな

い（つまり0が得られる）機会が3回, $\frac{1}{2}a$が得られる機会が27回である賭けの期待値が, この形の式で表されるということです.

一般に, aが得られる機会がp回, bが得られる機会がq回, cが得られる機会がr回である賭けの期待値は,

$$\frac{pa+qb+rc}{p+q+r}$$

で表されます. さらに一般に, 結果がn通りの場合の賭けの期待値の算式も同様の形で表すことができます. すなわち, a_1が得られる機会がp_1回, a_2が得られる機会がp_2, …, a_nが得られる機会がp_n回である賭けの期待値は,

$$\frac{p_1 a_1 + \cdots\cdots + p_n a_n}{p_1 + \cdots\cdots + p_n}$$

で表されます. ホイヘンス自身は, こうした一般化について何も述べていませんが, ホイヘンス流の解法をいま使うとしたら, こうした拡張も含めて捉えておいたほうが便利でしょう.

論文自体の話に戻ると, 先に見たようにホイヘンス自身は, 問題XIIIを2段階の場合分けが必要な問題として解きました. そして実はそのことは, 次の問題の解法へとつながります.

> **問題XIV**
>
> あるほかの競技者と私が2個のサイコロを交互に振り，私の振ったサイコロの目の和が7になればその場で私の勝ち，相手が振ったサイコロの目の和が6になればその場で相手の勝ちとする．ただし，私は相手に先に振らせるものとする．この場合に，私が勝つ機会と相手が勝つ機会との比を見出すこと．

この賭けは，最終的な結果は勝ちか負けかの2通りですが，途中の段階では，何回か場合分けをしていかなければなりません．

それゆえ，前問と通じるところがあります．

また，本問を解くには（ホイヘンス自身は言葉を導入していませんが）**振り出し**という概念を使うのが有効です．本問のような賭けでは，サイコロを振って勝負がつかない状態がある程度続いてくると，各時点での状況は，その後の賭けの期待値に関しては，すでに過去にあったある時点の状況と同じになります．つまりある種の「振り出し」に戻るのです．

具体的な解答は以下のとおりです．

例により，勝った場合に得られる額を a とします．この賭けでは，2種類の振り出しがあります．1つは，サイコロを振るのが相手の番になった状況（「相手の番」とよぶ）であり，もう1つは，サイコロを振るのが自分の番になった状況（「自分の番」とよぶ）です．そこで，相手の番のときの賭けの期待値を x とし，

自分の番のときの賭けの期待値をyとします.

相手の番のときには,目の和が6となって相手が勝って自分が0を獲得する5回の機会と,目の和が6以外となって自分の番になり自分が(計算上)yを獲得する31回の機会があるので,問題Ⅲによれば,

$$x = \frac{5 \times 0 + 31y}{36} = \frac{31}{36}y$$

という等式が成り立ちます.自分の番のときには,目の和が7となって自分が勝って自分がaを獲得する6回の機会と,目の和が7以外となって相手の番になり自分が(計算上)xを獲得する30回の機会があるので,問題Ⅲによれば,

$$y = \frac{6a + 30x}{36}$$

という等式が成り立ちます.こうして得られた2つの式を連立方程式として解けば,

$$x = \frac{31}{61}a, \qquad y = \frac{36}{61}a$$

となります.

最初は相手にサイコロを振らせることにしていましたから,自分の取り分は$x = \frac{31}{61}a$であり,相手は$\frac{30}{61}a$です.したがって,答えは31:30です.□

8-2 別の解法との比較

問題XIVに対する解法でも，前章と同じく一種の漸化式を用いました．これはホイヘンス流の解法の大きな特徴です．

では，問題XIVを，漸化式を使わないで解くとしたら，どうすればよいでしょうか．1つの自然な解法は，以下のとおりです．

この賭けに勝つのは，

　　　1巡めの自分の番で目の和が7となる（すなわち，最初の相手の番では目の和が6以外で，次の自分の番で目の和が7となる）場合，または，

　　　2巡めの自分の番で目の和が7となる（すなわち，1巡めでは決着がつかず，次の相手の番で目の和が6以外で，次の自分の番で目の和が7となる）場合，または，

　　　3巡めの自分の番で目の和が7となる場合，または，

　　　4巡めの自分の番で目の和が7となる場合，または，

　　　…

と無数の可能性があります．そこで，n巡めの自分の番で目の和が7となる確率を$p(n)$とすれば，求めるのは，

$p(1) + p(2) + \cdots\cdots$

の極限値です．また，2個のサイコロを振ったときに目の和が6以外となる確率は$\dfrac{31}{36}$，目の和が7となる確率は$\dfrac{6}{36} = \dfrac{1}{6}$，目の

第8章 サイコロの賭けの期待値やオッズの問題──問題XIII〜XIV

和が7以外となる確率は $\frac{5}{6}$ です．したがって，

$$p(1) = \frac{31}{36} \cdot \frac{1}{6} = \frac{31}{216}$$

$$p(2) = \frac{31}{36} \cdot \frac{5}{6} \cdot \frac{31}{216} = \frac{155}{216} \cdot \frac{31}{216}$$

$$p(3) = \left(\frac{155}{216}\right)^2 \cdot \frac{31}{216}$$

…

であり，一般的に，

$$p(n) = \left(\frac{155}{216}\right)^{n-1} \cdot \frac{31}{216}$$

です．したがって，

$$\text{求める確率} = p(1) + p(2) + \cdots\cdots$$
$$= \frac{31}{216}\left\{1 + \frac{155}{216} + \left(\frac{155}{216}\right)^2 + \cdots\cdots\right\}$$
$$= \frac{31}{216} \cdot \frac{1}{1 - \frac{155}{216}} = \frac{31}{61}$$

です．□

　この解法のほうがホイヘンス流の解法よりも簡単だと感じる人もいるかもしれません．特に，この程度の級数計算をまったく苦にしない人にとっては，何かを未知数として方程式を立てようとするより，こうして直接計算したほうがわかりやすいと思うかも

しれません.

　その一方，こうして級数計算に帰着させる方法よりも，いくつかの漸化式を立てて，その連立方程式を解くというホイヘンス流の解法のほうが簡単だという人も多いでしょう．特に本問の場合には，2元連立1次方程式で済みますから，計算の手間はかなり少ないです．

　前章のタイプの問題では，問題設定が簡単な場合には，直接に確率を計算するほうが楽で，複雑な問題になってくると，ホイヘンス流の解法が威力を発揮するようになる，という，いわば使い分けがありました．しかし，問題XIVの場合には，多分に好みの問題もありますので，どちらの方法のほうが特にすぐれていると決める必要もありません．いずれにせよ，どちらの方法とも習得しておきたいものです．

　なお，上記の2つの解法とはまた別の解法（驚くほど計算が簡単な解法！）を，112, 113ページで紹介しますので，そちらもご参照ください．

　さて，ホイヘンス論文は，本章で紹介した問題までのところでいったん区切りがつけられています．そこまでの全14問に対しては1つひとつ詳しい解答がついているのに対し，そのあとに掲載されている5問に対しては詳しい解答はついていません．答えの値を（問題文の中に）示しているものもありますが，それさえない問題もあります．

　しかしながら，こうして「付け加え」られた問題は，「ついでの」問題ではなく，その前の14問に劣らず重要です．実際，こ

れらの問題がきっかけとなって，その後の確率論は大いに発達しました．次章以降でも引き続き，1問1問見ていきましょう．

第 **9** 章

勝つチャンスが順番に訪れる問題
―― 問題 (I)〜(II)

第9章 勝つチャンスが順番に訪れる問題——問題（I）〜（II）

ホイヘンスがまず「付け加え」たのは，問題XIVの発展問題ともいうべきもので，問題（I）と（II）がそれです．問題XIVでは，競技者が2人いて，勝負がつかない限りは交互に勝つチャンスが訪れるという設定の問題でした．問題（I）はその設定を少し変形し，問題（II）は競技者の数を3人に増やしています．

9-1 問題（I）の場合

> **問題（I）**
>
> AとBとが，ともに2個のサイコロを使って，次のような条件で賭けをする．すなわち，Aが振って出した目の和が6ならばAの勝ち．Bが振って出した目の和が7ならばBの勝ち．Aは最初に1回振る．［それで勝負がつかなければ］次にBが続けて2回振る．［それでも勝負がつかなければ］次にAがあらたに2回振る．このようにして，いずれかが勝つまで続けることにする．Aの勝つ機会とBの勝つ機会との比を求めよ．答えは，10355対12276である．

この問題をホイヘンス流に解くとすると，たとえば，以下のような手順になります．

勝った場合に得られる額を（ホイヘンスはaとしますが，その点は本質的でないので，ここでは）1とします．次の2つの振り

出しを考えます．1つは，サイコロを振るのがBの番に移ったところで，もう1つは，サイコロを振るのがAの番に移ったところです．そして，Bの番に移った時点でのAにとっての賭けの期待値をxとし，Aの番に移った時点でのAにとっての賭けの期待値をyとします．

Bの番に移ったあとにBがサイコロを2回振る場合の結果の場合の数$36 \times 36 = 1296$のうち，2回とも目の和が7とならない場合の数は$30 \times 30 = 900$であり，1回以上目の和が7となる場合の数は$1296 - 900 = 396$ですから，Bの番に移った時点では，Aにとっては，Bが勝ってAは0を獲得する396回の機会と，Aの番になってAが（計算上）yを獲得する900回の機会があることになります．したがって，

$$x = \frac{396 \times 0 + 900y}{1296} = \frac{25}{36}y$$

という等式が成り立ちます．

同様に，Aの番に移ったあとにAがサイコロを2回振る場合の結果の場合の数1296のうち，2回とも目の和が6とならない場合の数は$31 \times 31 = 961$であり，1回以上目の和が6となる場合の数は$1296 - 961 = 335$ですから，Aの番に移った時点では，Aにとっては，Aが勝って1を獲得する335回の機会と，Bの番になってAが（計算上）xを獲得する961回の機会があることになります．したがって，

$$y = \frac{335 \times 1 + 961x}{1296} = \frac{335}{1296} + \frac{961}{1296}x$$

第9章　勝つチャンスが順番に訪れる問題——問題（Ⅰ）〜（Ⅱ）

という等式が成り立ちます．

　こうして得られた2つの式を連立方程式として解けば，xやyが求まります．具体的には（あとで必要なのはxだけなので，xだけ示せば），

$$x = \frac{8375}{22631}$$

です．一方，最初のAがサイコロを振る時点のことを考えると，振った結果，目の和が6となってAが勝ってAが1を獲得する5回の機会と，目の和が6以外となってBの番になりAが（計算上）xを獲得する31回の機会があるので，

$$\text{Aにとっての賭けの期待値} = \frac{5 \times 1 + 31x}{36} = \frac{5}{36} + \frac{31}{36}x$$

という等式が成り立ちます．そこで，連立方程式から求めたxの値をこの式に代入すれば，

$$\text{Aにとっての賭けの期待値} = \frac{10355}{22631}$$

となり，それゆえ

$$\text{Bにとっての賭けの期待値} = 1 - \frac{10355}{22631} = \frac{12276}{22631}$$

となります．したがって，たしかに答えは，10355：12276となります．□

　このように，解き方自体は問題ⅩⅣとほぼ同じですが，途中の計算で，分母，分子とも桁数の多い分数が出てきて，やや面倒で

9-1 問題(I)の場合

す．それでは，前章で問題XIVの別解として挙げた，級数の計算に帰着させる方法はどうでしょうか．次に見てみましょう．

Aがこの賭けに勝つのは，

最初（Aが振る）のサイコロの目の和が6となる場合，または，

最初（A）は6以外，2回め（B）は7以外，3回め（B）も7以外で，4回め（A）が6となる場合，または，

最初から順に，6以外，7以外，7以外，6以外，6となる場合，または，

最初から順に，6以外，7以外，7以外，6以外，6以外，7以外，7以外，6となる場合，または，

最初から順に，6以外，7以外，7以外，6以外，6以外，7以外，7以外，6以外，6となる場合，または，

最初から順に，6以外，7以外，7以外，6以外，6以外，7以外，7以外，6以外，6以外，7以外，7以外，6となる場合，または，

…

と無数の可能性があります．そして，それぞれが実現する確率は，

$$\frac{5}{36}$$

$$\frac{31}{36} \cdot \left(\frac{5}{6}\right)^2 \cdot \frac{5}{36} = \frac{3875}{46656}$$

109

$$\frac{31}{36} \cdot \left(\frac{5}{6}\right)^2 \cdot \frac{31}{36} \cdot \frac{5}{36} = \frac{24025}{46656} \cdot \frac{5}{36}$$

$$\frac{24025}{46656} \cdot \frac{3875}{46656}$$

$$\left(\frac{24025}{46656}\right)^2 \cdot \frac{5}{36}$$

$$\left(\frac{24025}{46656}\right)^2 \cdot \frac{3875}{46656}$$

…

です．これらすべての和（無限級数）は，初項が $\frac{5}{36}$ で公比が $\frac{24025}{46656}$ の等比級数と，初項が $\frac{3875}{46656}$ で公比が $\frac{24025}{46656}$ の等比級数との和になり，それはすなわち，初項が

$$\frac{5}{36} + \frac{3875}{46656} = \frac{10355}{46656}$$

で公比が $\frac{24025}{46656}$ の等比級数の和になるので，その値は，

$$\frac{\frac{10355}{46656}}{1 - \frac{24025}{46656}} = \frac{10355}{22631}$$

となります．したがって，求める答えは

$$10355 : (22631 - 10355) = 10355 : 12276$$

となります．□

この方法でも，途中で出てくる分数の分母や分子が大きくなっ

て，計算がやや面倒である点は変わりません．もっと簡単に計算する方法はないでしょうか．

ホイヘンス自身は，上記よりも簡単な計算方法を見出した形跡はありません．しかし，解法が示されていないこうした問題に刺激されて，後世の数学者はいろいろな手法を考え出しました．そこで，私たちも，ホイヘンス流の発想を活かしながら，もっと計算が簡単な解法を考えてみましょう．

ホイヘンス流の解法がうまいのは「振り出し」を考えることでした．本問の場合，勝負がつかない状態が4回繰り返されたところで完全にもとの状態に戻ります．そして，勝負がつかない限り，その周期が繰り返されます．同じことが繰り返されるわけですから，結局のところ，AとBの勝つ機会の比は，最初の4回のうちにAとBの勝つ機会の比と等しいことになります．

ここで，機会の比を簡単に計算するために，フェルマーの消化試合論法により，ともかくサイコロを4回振ることにします．するとサイコロの出方の場合の数は36^4となりますが，そのうちAが勝つ場合の数は

最初に目の和が6となる場合の数
+最初の3回はそれぞれ目の和が6以外，7以外，7以外で4回めの目の和が6となる場合の数
$= 5 \times 36 \times 36 \times 36 + 31 \times 30 \times 30 \times 5$

第9章 勝つチャンスが順番に訪れる問題——問題(I)〜(II)

であり，Bが勝つ場合の数は

　最初の目の和が6以外で次が7となる場合の数
　＋最初の2回はそれぞれ目の和が6以外，7以外で3回めの目の和が7となる場合の数
　$= 31 \times 6 \times 36 \times 36 + 31 \times 30 \times 6 \times 36$

です．
　したがって，

　求める比
　$= (5 \times 36 \times 36 \times 36 + 31 \times 30 \times 30 \times 5) : (31 \times 6 \times 36 \times 36 + 31 \times 30 \times 6 \times 36)$
　$= (5 \times 36 \times 36 + 31 \times 5 \times 5 \times 5) : (31 \times 6 \times 36 + 31 \times 30 \times 6)$
　　（各項を36で割った）
　$= 10355 : 12276$

となります．□

　この解法における計算は，上記の2つの解法よりもかなり簡単だと思いますが，いかがでしょうか．いずれにせよ，この解法は見通しがよく，応用範囲も広いです．
　もちろん，問題XIV（問題文は99ページ）にも適用でき，その解答は次のとおりとなります．

問題XIVの別解:

最初の2回（場合の数は 36 × 36）のうちに，自分と相手の勝つ機会の比が求める比になるので，

　求める比
　=（最初の2回で自分が勝つ場合の数）:（最初の2回で相手が勝つ場合の数）
　=（最初の目の和が6以外で，2回めが7となる場合の数）
　　:（最初の目の和が6となる場合の数）
　=(31 × 6) : (5 × 36)
　= 31 : 30

となります．□

問題XIVの答えがこれほど簡単に求まると知ったら，ホイヘンスはさぞ驚くでしょう．

9-2 問題（II）の場合

次に，問題XIVや問題(I)の発展問題である問題(II)を見てみましょう．

第9章 勝つチャンスが順番に訪れる問題——問題（Ⅰ）〜（Ⅱ）

> **問題(Ⅱ)**
>
> 3人の競技者A，B，Cが，12枚の数え札を用いて賭けをする．12枚のうち，4枚は白，8枚は黒とする．条件は次のとおりである．すなわち，手探りで札を選んで，最初に白の札を引いたものが勝ちである．[黒の札を引いた者は，その札を元に戻す．]ただし，Aが最初に選び，続いてB，次にC，次にあらたにA，等々と順番に続けて選ぶものとする．彼らの勝つ機会の比を求めよ．

この問題には，答えも記されていませんでした．また，もとの問題文には，問題文中に[　]書きで加えた文言がなかったため，これを読んだ数学者たちは，いろいろな解釈をして問題を解いています．このように問題文が曖昧であった点は，ホイヘンスが意図しなかったことかもしれませんが，そのことがかえっていろいろな研究を促した面があり，否定的な面ばかりではありません．

そもそも当時はまだ，いろいろな言葉づかいが整備されていませんでした．たとえば，本書ではだいぶ前の84ページで扱った問題Ⅻのもとの問題は

> いくつかのサイコロを同時に振って6の目を2つ出すことを引き受けるには，何個のサイコロを振ればよいのかを見出すこと．

というものでした．ですが，これでは「6の目をちょうど2つ出

す」ことを問題としているのか「6の目を2つ以上出す」ことを問題にしているのか曖昧です．実際のホイヘンスの意図は後者でしたが，このような違いに注意しなければならないことは，ホイヘンス論文を出発点とするその後の諸研究によって徐々に明らかになっていきました．

いまとりあげている問題(II)については，ホイヘンスの意図どおりの問題だけ扱いましょう．するとこの問題は，競技者は増えているものの，問題XIVや問題(I)と同じく，勝負がつかない限りは，勝つチャンスが順番に訪れるという設定の問題です．したがって，そのときの解き方も，問題XIVや問題(I)と同様にすればよいです．

ホイヘンス流の解法とするのであれば，Aの番，Bの番，Cの番というように振り出しを3つ考えて，それぞれの場合の（たとえばAにとっての）賭けの期待値を（たとえば）x, y, zとして3元連立方程式を立て，その解をもとに必要な値を計算していくことになるでしょう．あるいは，級数の計算に帰着させる解法も読者にはわかるでしょう．ここではそれらは省略し，前節で見た（最も計算が簡単な）方法だけで答えを求めておきましょう．

本問の場合には，最初の3回のうちで，A, B, Cが勝つ機会の比を求めればよいです．しかも本問の場合には，自分の番が回ってきたときにその場で勝つ（白札を引く）確率は3人とも同じ（$\frac{4}{12} = \frac{1}{3}$）なので，3人の勝つ機会の比は，それぞれに手番が回ってくる確率の比になります．したがって，求める比は

$$1 : \frac{2}{3} : \left(\frac{2}{3}\right)^2 = 9 : 6 : 4$$

であるとすぐにわかります． □

第 10 章

1回勝負の問題
―― 問題 (III) 〜 (IV)

第10章　1回勝負の問題——問題(III)〜(IV)

これまで見てきた問題は，たとえば分配問題であれば，その後の勝負は時間に従って進展していくので，それに応じた計算として（時間の向きはむしろ逆となりますが）漸化式を用いるのは非常に適していましたし，あるいは前章で扱った「勝つチャンスが順番に訪れる」問題も，「振り出し」を考えて漸化式を立てることが非常に有効でした．

それに対し，本章でこれからとりあげる問題(III)と(IV)は，時間に従って進展したり，同じ状況が繰り返し現れるものでありません．そのため，実のところ，ホイヘンス流のアプローチは（むろん使えるのですが）手間が多くて，あまりうまい方法ではありません．おそらく，それゆえホイヘンスは，これらの問題を解法を示さないまま紹介したのでしょう．いずれにせよ，1問1問見ていきましょう．

10-1 問題(III)の場合

問題(III)の問題文は，次のとおりです．

> **問題(III)**
>
> AがBに対して賭けをして，各種類10枚ずつからなる40枚のトランプから4枚引き，各種類を1枚ずつ手に入れることに賭けるとする．この場合に，Aの勝つ機会とBの勝つ機会との比が1000対8139であることを見出せ．

10-1 問題（Ⅲ）の場合

　この問題に対して，ホイヘンスはどう解くかを示していませんが，おそらく以下のような解法になると思われます．

　ホイヘンス流の解法では，時間的にはあとのほうから考えます．
　まず，3枚引いたところまではうまくいっているとした場合のその時点での（Aにとっての）賭けの期待値を考えます．うまくいっているということは，残っている $40-3=37$ 枚の中には，すでに揃った3種類が9枚ずつ（計 $9 \times 3 = 27$ 枚）あり，あと1種類が10枚あります．したがって，最後の1枚もうまくいく機会と最後はうまくいかない機会との比は $10:27$ となるので，その時点での賭けの期待値は（賞金を1とすれば）

$$\frac{10 \times 1 + 27 \times 0}{37} = \frac{10}{37}$$

です．

　次に，2枚引いたところまでうまくいっているとした場合を考えると，残っている38枚のうち，引いてよいのは20枚で，その他は18枚です．そして，3枚めがうまくいった場合には，上の計算結果より $\frac{10}{37}$ の価値が得られるわけですから，2枚引いたところまでうまくいっている時点での賭けの期待値は

$$\frac{20 \times \frac{10}{37} + 18 \times 0}{38} = \frac{20 \cdot 10}{38 \cdot 37}$$

です．

　同様に，1枚引いたところまでうまくいっている時点での賭けの期待値は

第10章　1回勝負の問題――問題(III)～(IV)

$$\frac{30 \times \frac{20 \cdot 10}{38 \cdot 37} + 9 \times 0}{39} = \frac{30 \cdot 20 \cdot 10}{39 \cdot 38 \cdot 37} = \frac{1000}{9139}$$

です．そして，最初の時点ではどの札を引いてもかまわないので，最初の時点での賭けの期待値もこの値です．

したがって，求める比は

$$1000 : (9139 - 1000) = 1000 : 8139$$

です．□

いま見たホイヘンス流の解法も悪くないとは思いますが，現代であれば，この問題は次のように解くでしょう．

40枚から4枚を引く場合の数は，組合せ数の記号を使うと $_{40}C_4$ で表され，そのうち（Aにとって）うまくいく場合の数は，各種類10通りずつある札がちょうど1枚ずつ選ばれる 10^4 ですから，Aが勝つ確率は

$$\frac{10^4}{_{40}C_4} = \frac{1000}{9139}$$

です．したがって，求める比は

$$1000 : (9139 - 1000) = 1000 : 8139$$

です．□

掛け算などの計算の手間は，上記2つの方法で大差はありませ

んが，現代の解法は，ホイヘンス流の解法のような段階を踏む必要がなく，一気に算式が立てられるところがミソです．また，現代では $_nC_k$ の計算は高校数学でも習うごく基本的なものである，ということにも時代の違いがあります．

10-2 問題 (IV) の場合

問題(IV)の問題文は次のとおりです．

> **問題(IV)**
>
> 先ほどの［問題(II)］と同様に，白4枚，黒8枚からなる12枚の数え札を用いる．AがBに対して賭けをして，この12枚の札の中から手探りで10枚の札を引き，その中に白が［ちょうど］3枚あることに賭けるとする．Aの勝つ機会とBの勝つ機会との比を求めよ．

この問題に対するホイヘンス流の解法は，おおよそ以下のとおとなります．

前問に対するホイヘンス流の解法と同様，時間的にはあとのほうから考えます．

まず，6枚引いたところまではうまくいっている場合を考えます．とはいえ，今度の場合は「うまくいっている」とはいっても，6枚引いたところで白がちょうど3枚で，最後に黒を引けば

第10章 1回勝負の問題 —— 問題(III)〜(IV)

よい状態と，白がちょうど2枚で，最後に白を引けばよい状態との2通りの場合があります．前者の場合は，白が3枚，黒が3枚ある状態なので，その時点での（Aにとっての）賭けの期待値を$a(3,3)$で表し，後者の場合は，白が2枚，黒が4枚ある状態なので，その時点での賭けの期待値を$a(2,4)$で表すことにします．すると，$a(3,3)$については，残りが白1枚，黒5枚のうち，黒を引くときのみ賞金（1とする）が得られるので（問題IIIによれば），

$$a(3,3) = \frac{1\times 0 + 5\times 1}{1+5} = \frac{5}{6}$$

です．同様に，$a(2,4)$については，残りが白2枚，黒4枚のうち，白を引くときのみ賞金（1とする）が得られるので

$$a(2,4) = \frac{2\times 1 + 4\times 0}{2+4} = \frac{1}{3}$$

です．

次に，5枚引いたところまでうまくいっている場合を考えます．

今度は，上と同様の記法を使えば，$a(3,2)$，$a(2,3)$，$a(1,4)$の3通りの場合を考えることになります．このうち，たとえば$a(2,3)$の場合であれば，残りが白2枚，黒5枚のうち，白を引けば計算上$a(3,3)$の価値が得られ，黒を引けば計算上$a(2,4)$の価値が得られますから，

$$a(2,3) = \frac{2\times a(3,3) + 5\times a(2,4)}{2+5}$$

という式が立ちます．したがって，この式をもとに$a(2,3)$の値

を計算することができます．同様に，

$$a(3, 2) = \frac{1 \times 0 + 6 \times a(3, 3)}{1 + 6}$$

$$a(1, 4) = \frac{3 \times a(2, 4) + 4 \times 0}{3 + 4}$$

という式をもとに，$a(3, 2)$, $a(1, 4)$ の値を計算することができます．

こうして，4枚引いたところまでうまくいっている場合，3枚引いたところまでうまくいっている場合，2枚引いたところまでうまくいっている場合，1枚引いたところまでうまくいっている場合について，賭けの期待値を式で表していけば，最後は，

最初の時点での賭けの期待値 $a(0, 0) = \dfrac{4 \times a(1, 0) + 8 \times a(0, 1)}{4 + 8}$

という式が立ちます．そして，先に立てた式から順次，各時点での賭けの期待値を計算していけば，最終的には，

$$a(0, 0) = \frac{35}{99}$$

という値が求まります．

以上より，求める比は

$$35 : (99 - 35) = 35 : 64$$

となります．□

このホイヘンス流の解法は，きわめて煩雑です．現代であれ

ば，この問題は次のように解くでしょう．

　12枚から7枚を引く場合の数は，組合せ数の記号を使うと $_{12}C_7$ で表されます．そして，そのうち（Aにとって）うまくいく場合の数は，白4枚のうちから3枚選び，黒8枚のうちから4枚を選ぶ場合の数ですから，

$$_4C_3 \times {}_8C_4$$

で表されます．したがって，Aが勝つ確率は

$$\frac{{}_4C_3 \times {}_8C_4}{{}_{12}C_7} = \frac{35}{99}$$

です．したがって，求める比は

$$35 : (99-35) = 35 : 64$$

です．□

　こうして比較すると，現代の解法のほうがずっと簡単です．ホイヘンスの時代と比べると，現代のほうが組合せ計算の技術が格段に発達しているので，このような大きな差が出るのです．総じていえば，ホイヘンス流の解法はいまでも有用なものですが，使うべき場面はよく選ぶ必要があるということになります．

第11章
ギャンブラーの破産問題
──問題(V)

第11章 ギャンブラーの破産問題——問題(V)

　本章では，ホイヘンスの論文に載っている最後の問題である問題(V)をとりあげます．この問題は，いまでは「ギャンブラーの破産問題」とよばれる種類のものであり，その種の問題の中で史上はじめて公の文献で紹介されたものです．

　(公の文献に限定しなければ) この問題を最初に提起したのはどうやらパスカルのようです．ですが，いずれにせよ，この問題がこうしてホイヘンスによって広く発表されたことは，確率論史上きわめて大きな出来事でした．偉大な『確率論史』を著したアイザック・トドハンター (1820-1844) は，同書の中で，次のように書いています．

> ホイヘンスが読者に課題として残しておいた問題のうち，最後のものが最も注目すべきものである．これは「ゲーム継続」を扱った最初の例であり，その主題はその後，ド・モアブル，ラグランジュ，ラプラスといった最高に能力の高い人たちを鍛えたのである．

　歴史的に見て非常に意義深いこの問題を詳しく見ていきましょう．

11-1 ホイヘンス流の解法の紹介

　問題(V)の問題文は次のとおりです．

11-1 ホイヘンス流の解法の紹介

問題(V)

AとBとは，それぞれが12枚の数え札をもち，3個のサイコロを振る．そして，出た目の和が11になるたびごとに，AはBに札を1枚与えねばならない．その一方，出た目の和が14になるたびごとに，BはAに札を1枚与えねばならない．こうして最初にすべての札を手に入れた者が勝ちである．このような場合に，Aの勝つ機会とBの勝つ機会との比が，244140625対282429536481であることを見出せ．

ホイヘンスは，1657年の論文にはこの問題の解法を記していませんでしたが，この問題については反響も大きかったのか，のち（1676年）に解法を記したメモを残しています．両者の間にはだいぶ時間が空いているので，1657年当時の本人の解法にどれだけ忠実かはわかりませんが，記された解法は，たしかにここまで紹介してきたホイヘンス流の解法の延長線上にあります．それを見ていきましょう．

問題を解くにあたり，数え札を渡しあうのではなく，出た目の和が11のときにはBが1点を得て，出た目の和が14のときにはAが1点を得ることにし，先に12点差をつけたほうが勝ちとしても同じなので，そのように考えることにします．そして，（ホイヘンス自身の書き方とは違いますが）Bが1点差で勝っているときの状態を＋1，2点差で勝っているときの状態を＋2，…と表記し，Aが1点差で勝っているときの状態を－1，2点差で勝ってい

るときの状態を-2, …と表記し，点差がないときの状態を± 0と表記します．

3個のサイコロの目の和が14となる機会と11となる機会の比は（きちんと数え上げれば）

$$15 : 27 = 5 : 9$$

です．したがって，Aが点を獲得する機会とBが点を獲得する機会との比も$5:9$になります．この5や9という数値は，解法を考えるときには本質的でないので，それぞれcとdで表すことにします．

まず，簡単な場合として，「先に2点差をつけたほうが勝ち」であるとして，得られる賞金がnの場合を考えます．この場合，この賭けに現れる可能性がある状態は$+2$, $+1$, ± 0, -1, -2の5つです．このうち，$+2$のときと-2のときは勝負がついているので，Bにとっての価値も確定していて，それぞれnと0です．± 0のときのBにとっての賭けの期待値を未知数xとし，$+1$のときの期待値をy, -1のときの期待値をzとします．

± 0のときは$d:c$の比でそれぞれyとzの価値が得られ，$+1$のときは$d:c$の比でそれぞれnとxの価値が得られ，-1のときは$d:c$の比でそれぞれxと0の価値が得られます．

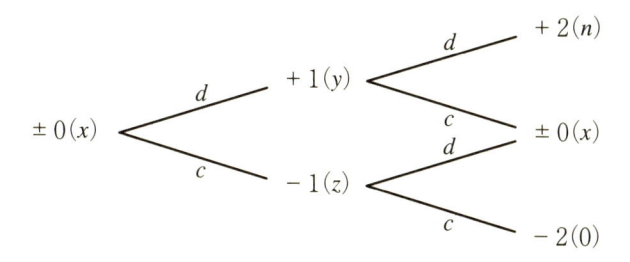

11-1 ホイヘンス流の解法の紹介

```
                        d       +2(n)
              +1(y)
        d           c
±0(x)                       ±0(x)
        c           d
              -1(z)
                        c       -2(0)
```

したがって,

$$\begin{cases} x = \dfrac{dy+cz}{d+c} \\ y = \dfrac{dn+cx}{d+c} \\ z = \dfrac{dx}{d+c} \end{cases}$$

という連立方程式が成り立ちます．これを解くと，Bにとっての価値xは，

$$x = \frac{d^2 n}{c^2 + d^2}$$

となります．すると，Aにとっての価値は，

$$n - x = n - \frac{d^2 n}{c^2 + d^2} = \frac{c^2 n}{c^2 + d^2}$$

ですから，結局，「先に2点差をつけたほうが勝ち」の場合は，AとBとの賭けの価値の比（これはそれぞれが勝つ機会の比と等しい）は$c^2 : d^2$です．

次に，「先に3点差をつけたほうが勝ち」であるとして，得られる賞金がやはりnの場合を考えます．そして，+3，+1，

第11章 ギャンブラーの破産問題——問題(V)

±0, −1, −3という5つの状態を考えます. このうち, +3のときと−3のときは勝負がついており, Bにとっての価値はそれぞれnと0です. ±0のときのBにとっての賭けの期待値を未知数xとし, +1のときの期待値をy, −1のときの期待値をzとします.

±0のときは$d:c$の比でそれぞれyとzの価値が得られます. +1のときは, 上記の「先に2点差をつけたほうが勝ち」の場合の結果より, $d^2:c^2$の比でそれぞれnとzの価値が得られます. 同様に, −1のときは$d^2:c^2$の比でそれぞれyと0の価値が得られます.

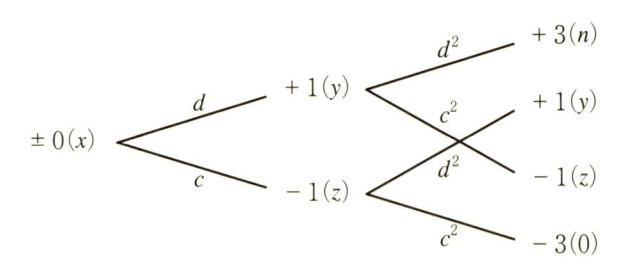

```
                                    d²  +3(n)
                      +1(y)  
              d              c²
  ±0(x)                          +1(y)
              c              d²
                      −1(z)
                                    c²  −3(0)
```

したがって,

$$\begin{cases} x = \dfrac{dy + cz}{d + c} \\ y = \dfrac{d^2 n + c^2 z}{d^2 + c^2} \\ z = \dfrac{d^2 y}{d^2 + c^2} \end{cases}$$

という連立方程式が成り立ちます. これを解くと, Bにとっての価値xは,

$$x = \frac{d^3 n}{c^3 + d^3}$$

となります．すると，Aにとっての価値は，

$$\frac{c^3 n}{c^3 + d^3}$$

ですから，結局，「先に3点差をつけたほうが勝ち」の場合は，AとBのそれぞれが勝つ機会の比は$c^3 : d^3$です．

同様に，「先に6点差をつけたほうが勝ち」である場合は，+6，+3，±0，-3，-6という5つの状態を考え，±0のときのBにとっての賭けの期待値を未知数xとし，+3のときの期待値をy，-3のときの期待値をzとすると，いま得た「先に3点差をつけたほうが勝ち」の場合の結果から，

$$\begin{cases} x = \dfrac{d^3 y + c^3 z}{d^3 + c^3} \\ y = \dfrac{d^3 n + c^3 x}{d^3 + c^3} \\ z = \dfrac{d^3 x}{d^3 + c^3} \end{cases}$$

という連立方程式が成り立ちます．これは，「先に2点差をつけたほうが勝ち」の場合に得た連立方程式においてc, dをそれぞれc^3, d^3にしたものにほかならないので，その解xは，

$$x = \frac{d^6 n}{c^6 + d^6}$$

となります．したがって，「先に6点差をつけたほうが勝ち」の場合のAとBのそれぞれが勝つ機会の比は$c^6 : d^6$です．

第11章 ギャンブラーの破産問題——問題 (V)

　まったく同様に,「先に12点差をつけたほうが勝ち」である場合は, +12, +6, ±0, -6, -12という5つの状態を考えて連立方程式を立てて解けば, AとBのそれぞれが勝つ機会の比は $c^{12} : d^{12}$ となり, これが求める答えです. □

　この解法は, 次節で見るような現代的な解法と比べるとずいぶん手間がかかっていますが, 少ない原理だけを使った実に巧妙なものだといえます. また, 問題を解く過程でいわゆる樹形図を描いていますが, こうした樹形図をはっきりと用いたのはホイヘンスが史上初であろうといわれています.

11-2 現代的な解き方との比較

　ホイヘンスが問題をもっと一般化してから解こうとしていたとすれば, この問題はもっと簡単に解けたかもしれません. ホイヘンスは, 賭けの開始時にプレーヤーたちが同点であることに注目することによって, ある意味ではきわめて巧妙に解いているのですが, 実は, 同点からはじめるとは限らない場合で考えたほうが解き方は（少なくとも現代人からすると）簡単になります. 実際, 現在, ギャンブラーの破産問題を扱うとすれば, 次のような問題として捉えます.

> 📖 **ギャンブラーの破産問題**
> 　AとBは最初にそれぞれ r 枚と s 枚の数え札をもち, 各回の

11-2 現代的な解き方との比較

> 勝負でAとBの勝つ機会の比が（他の勝負とは独立に）つねに$c:d$ $(c \neq d)$ である勝負を繰り返す．各勝負では，負けたほうが勝ったほうに数え札を1枚与えねばならない．こうして最初にすべての札を手に入れた者が勝ちである．このような場合に，Aの勝つ機会とBの勝つ機会との比を求めよ．

ホイヘンスの問題(V)は，この問題で$r=s=12$, $c=5$, $d=9$とした場合になります．以下に，この問題の現代的な解答を示しますが，ホイヘンス流の考え方と比較しやすいように，「確率」という概念は前面に出さずに，賭けの期待値を使って表現します．

ホイヘンスと同じく，賞金をnとします．そして，この賭けの途中の状態を考え，Aの数え札がk枚の時点（そのときBは$r+s-k$枚です）でのAにとっての賭けの期待値をa_kとします．求めたいのはa_rの値ですが，これはa_kの一般式が得られれば求まります．

さて，$k=1, 2, \ldots, r+s-1$について，いまAの数え札がk枚のとき，次の勝負の結果次第で，数え札は$k+1$枚か$k-1$枚になりますが，その機会の比は，題意より$c:d$です．したがって，

$$a_k = \frac{ca_{k+1} + da_{k-1}}{c+d}$$

という漸化式が得られます．また，題意から

$$a_0 = 0, \qquad a_{r+s} = n$$

第11章 ギャンブラーの破産問題 —— 問題 (V)

ですから，この条件の下で漸化式を解けば，求めたい a_r の値も得られます．現代では，こうした漸化式の解き方はよく知られていて，定型的な解き方ないし何らかの公式から比較的容易に解を求めることができます．

たとえば，上記漸化式を少し整理すると，

$$a_{k+1} - \left(\frac{d}{c} + 1\right)a_k + \frac{d}{c}a_{k-1} = 0$$

となりますが，一般に，漸化式が

$$a_{k+1} - (\alpha + \beta)a_k + \alpha\beta a_{k-1} = 0$$

という形（ただし，$\alpha \neq \beta$）をしているとき，一般解は，ある定数 C_1, C_2 を用いて

$$a_k = C_1 \alpha^k + C_2 \beta^k$$

で表されるという公式があるので，これを用いると，解の形が

$$a_k = C_1 \left(\frac{d}{c}\right)^k + C_2, \quad k = 0, 1, \cdots\cdots, r+s$$

だとわかります．あとは，

$$a_0 = 0, \quad a_{r+s} = n$$

であることから，

$$C_1 = -C_2 = \frac{n}{\left(\frac{d}{c}\right)^{r+s} - 1}$$

が決まり，

134

$$a_r = \frac{\left\{\left(\frac{d}{c}\right)^r - 1\right\}n}{\left(\frac{d}{c}\right)^{r+s} - 1} = \frac{c^s(d^r - c^r)n}{d^{r+s} - c^{r+s}}$$

と求まります.

ここで $r = s = 12$ を代入すれば,

$$a_r = \frac{c^{12}(d^{12} - c^{12})n}{d^{24} - c^{24}} = \frac{c^{12}n}{d^{12} + c^{12}}$$

となります.これはAにとっての賭けの期待値であり,Bにとっての賭けの期待値は,これを n から引いた値

$$\frac{d^{12}n}{d^{12} + c^{12}}$$

です.したがって,AとBのそれぞれが勝つ機会の比は $c^{12} : d^{12}$ です.□

この「現代的」な解き方は,現代人で漸化式の計算に習熟している人にとっては,見通しもよく「簡単」な解法といえます.その一方,漸化式に習熟していない人には,必ずしも「簡単」には見えないかもしれません.

いずれにせよ,本書の立場からは,次の点を強調しておきたいと思います.すなわち,この手の確率の問題を漸化式の問題に帰着させて解くという解法は,その限りにおいて実はホイヘンス流の解法にほかならない,ということです.本節冒頭では「ホイヘンスが問題をもっと一般化してから解こうとしていたとすれば,この問題はもっと簡単に解けたかもしれません」と述べました.

この主張は，本当は当時は十分に漸化式の解き方が整えられていなかったのでやや（いや，かなり）時代錯誤ではあるのですが，それでもなお，ホイヘンスがもし本節の解答を見たならば，「なるほど（ほかの人はともかく）自分はこう解くべきだった」と述べてもおかしくないほど「ホイヘンス的」だと筆者は考えています．

第12章

ホイヘンスによる確率の
捉え方の現代的意義

第12章 ホイヘンスによる確率の捉え方の現代的意義

　前章までで，ホイヘンス論文全体の内容を紹介しました．そこで見たホイヘンス流のアプローチは，現代から見るとずいぶん回りくどい場合もあったものの，現代から見ても十分有効である（現代でも事実上使われている）場合もあれば，さらには，現代の標準的な方法を知っている人にも簡単には思いつけないようなうまい方法である場合もありました．ただ，いずれにせよ，総じていえば，ホイヘンスによる方法と現代の方法とには大きな違いがありました．

　そうした違いが存在するのにはさまざまな理由が考えられますが，最大の理由は，そもそも「確率」の捉え方が違うことです．実際，すでに見てきたとおり，ホイヘンスの確率論には，「確率」という概念さえありませんでした．

　すると，そのような確率論は（その中で発見されたいくつかの手法はいまでも引き継がれているにしても），「確率」の捉え方としては，もう古びて使い物にならないものなのでしょうか．もしかしたら，かつてはそう考えられていたかもしれません．しかし，最近の確率論の動向を見ると，どうもそうではないようです．この点を，本書の最終章である本章で，簡単に紹介しておきます．

　1つには，ホイヘンスが確率論を展開するときに注目した「公正な賭け」という考え方が非常に強力であることがいまでは知られています．ホイヘンスのいう「公正な賭け」は，（ホイヘンスの枠組みではやや循環した説明になってしまいますが）「儲けの期待値が0であるような賭け」のことです．これに相当する性質

を，20世紀以降の確率論ではマルチンゲールとよばれる概念で捉え，そのマルチンゲールという道具立てはきわめて強力であることがいまでは知られているのです．とはいえ，ホイヘンスが，マルチンゲールそのものの考え方をほんのわずかでも先駆けていたわけではありませんので，この点に深入りするのはよしましょう．

　もっとずっと注目すべきなのは，「確率」そのものの捉え方として，ホイヘンスのようなアプローチがいまふたたび脚光を浴びていることです．現代の標準的な確率論は，測度論的確率論とよばれるもので，20世紀はじめころまでに確立した（集合論をもとにした厳密な）積分論の成果をもとに定式化されたものであり，まことに強力な理論です．しかしそれでも，ある種の応用に関しては，もっと別のアプローチのほうが有効であると考えられ，現在では，ゲーム論的確率論というものが新たに提唱されています．そしてこの新しい確率論の考え方が，ホイヘンス流の考え方の復活であるともいえる面をもっているのです．

　著書としてはじめてゲーム論的確率論を本格的に展開したのは，グレン・シェイファーとウラジミール・ウォフクによる2001年の共著『ゲームとしての確率とファイナンス』（邦訳：岩波書店，2006年）です．その点からすれば，これは21世紀の確率論です．この新しい確率論は，測度論的確率論に全面的にとって代わるものではないですが，問題領域によっては，測度論的確率論の代わりに今後盛んに用いられることが期待される有望な確率論です．

第12章 ホイヘンスによる確率の捉え方の現代的意義

　ゲーム論的確率論では,「確率」を考える際に「賭け」を基本とし,「確率」そのものはあまり前面に出てきません.これらの点はホイヘンスと同様であり,その限りでは,ゲーム論的確率論は,たしかに,ホイヘンス流の確率論と親和性があります.もっと具体的に,ホイヘンスのアプローチとゲーム論的確率論の類似点を挙げていけば,以下のとおりです.

　4章で見たように,ホイヘンス論文が基本としていた「仮説」をやや現代風に書けば,次のとおりです.

> **ホイヘンスの仮説（期待値の計算方法）（再掲）**
> ある賭けの期待値は,xを元手に同じ効果の賭けを公正な賭けとして構成できるときのxの値である.

　これは,公正な賭けというものを定義なしに用いて,賭けの期待値の計算方法を与えるものです.

　一方で,ゲーム論的確率論の仮説（「基本解釈仮説」とよばれるもの）は,おおよそ次のようなものです.

　　　公正な賭けを繰り返す場合には,破産を確実に免れながら,元手よりも資金が増えるもっともな見込みがある,ということはない.

　これをもう少し強い仮説に言い換えれば,次の仮説となります.

140

> 📖 **ゲーム論的確率論の仮説**
> 任意の$x>0$について,xを元手に公正な賭けを構成した場合の賭けの期待値はxに等しい.

こう見ると,この仮説がホイヘンスの仮説とほぼ同等であることがわかります.少なくとも,これらの仮説をもとに確率を定義しようとすれば,どちらの場合も(7章で既出の)次のようなものとなります.

> 📖 **確率の定義(再掲)**
> ある事象が起きると1が得られ,起きないと何も得られないという賭けを想定したとき,その賭けの期待値のことを,その事象が起きる確率という.

したがって,この点では,ホイヘンスの確率論とゲーム論的確率論とは,考え方が一致しているといえます.

もちろん,21世紀のゲーム論的確率論が展開しようとしている議論を,ほんのわずかでもホイヘンスが先駆けていたと主張するつもりはありません.ですが,公正な賭けを出発点として「確率」よりも「期待値」を基礎とする,本書でずっと見てきたホイヘンス流の確率の捉え方は,実は,いまふたたび脚光を浴びている,きわめて有効な捉え方だったということはいえるのです.

参考文献

　本書を書くにあたって特によく参考にした文献や本書と特に関連の深い文献のうち，日本語で書かれた本を以下に掲げておきます．

[1] 安藤洋美『確率論の生い立ち』現代数学社，1992年
[2] 岩沢宏和『確率のエッセンス』技術評論社，2013年
[3] 岩沢宏和『確率パズルの迷宮』日本評論社，2014年
[4] 岩沢宏和『世界を変えた確率と統計のからくり』SBクリエイティブ，2014年
[5] 岩沢宏和『リスクを知るための確率・統計入門』東京図書，2012年
[6] G・シェイファー，V・ウォフク『ゲームとしての確率とファイナンス』岩波書店，2006年
[7] アイザック・トドハンター『確率論史（改訂版）』安藤洋美訳，現代数学社，2002年
[8] ブレーズ・パスカル『パスカル数学論文集』原亨吉訳，ちくま学芸文庫，2014年
[9] ホイヘンス『科学の名著　ホイヘンス』原亨吉編，朝日出版社，1989年

索　引

[記号]

$_nC_k$ ·· 65

[か行]

確率 ·· 87, 90, 101
『確率論史』 ·· 126
仮説 ·· 37, 39, 44, 140
価値 ·· 37, 45, 119, 128
勝つ確率 ··· 39
ガリレイ ··· 16
カルダーノ ··· 28
機会 ······················ 38, 44, 45, 57, 78, 98, 106,
　　　　　　　　　 118, 121, 127
機会の比 ··· 39, 59, 111, 114, 133
『幾何学』··· 21
期待値 ·················· 44, 46, 57, 72, 79, 90, 97,
　　　　　　　　　 107, 115, 119, 128, 140
ギャンブラーの破産問題 ··············· 126, 132
組合せ数 ··· 66
ゲーム論的確率論 ···························· 141
ケプラー ··· 16
公正な賭け ·· 44, 56, 138, 140

[さ行]

シュヴァリエ・ド・メレ ···················· 28
消化試合論法 ····································· 59, 67, 111
『推論術』··· 31
『数学教程』·· 30
測度論的確率論 ································ 139

[た行]

タルタリア ··· 28
チャック・ア・ラックの問題 ········· 51
デカルト ··· 14, 20, 35
トドハンター ····································· 126
ド・モアブル ····································· 126

トリチェリ ··· 15

[な行]

ニュートン ··· 15, 21, 29

[は行]

場合の数 ··· 39, 68, 91, 107, 111, 120
パスカル ··· 15, 26, 39, 56, 126
パスカルの三角形 ···························· 64
フェルマー ··· 26, 39, 56
フック ·· 15
フランス・ファン・スホーテン
　　　　　　　　　 ························ 21, 30, 35
フランソワ・ヴィエト ···················· 21
振り出し ··· 99
分配問題 ··· 26, 40, 56
ホイヘンス ··· 3, 12, 32, 54
ホイヘンス＝フレネルの原理 ········ 19
ホイヘンスの仮説 ···························· 44, 140
ホイヘンスの原理 ···························· 15, 17
ボイル ·· 15

[ま行]

負ける確率 ·· 39
マルチンゲール ································ 139
無裁定価格理論 ································ 47
メルセンヌ ··· 14

[や行]

ヤコブ・ベルヌーイ ························ 23, 31
ヨハン・ベルヌーイ ························ 23

[ら行]

ライプニッツ ····································· 21, 29
ルカ・パチョーリ ···························· 27

著者プロフィール

◎岩沢 宏和（いわさわ・ひろかず）

数学パズル・コレクター，パズル・デザイナー．
また，アクチュアリーとして，(公社)日本アクチュアリー会，(公財)損害保険事業総合研究所などで主にアクチュアリー資格に関わる保険数理や数学の講師を務めている．
国際パズルデザインコンペティションにてパズル・オブ・ザ・イヤー(2008年)，パズラーズ・アウォード(2012年)など多数受賞．
米NPO法人International Puzzle Collectors Associationアジア地区プレジデント．
日本保険・年金リスク学会(JARIP)理事．

確率に関する主な著書：
『リスクを知るための確率・統計入門』東京図書，2012年
『確率のエッセンス』技術評論社，2013年
『確率パズルの迷宮』日本評論社，2014年
『世界を変えた確率・統計のからくり134話』SBクリエイティブ，2014年

知りたい！サイエンス

ホイヘンスが教えてくれる確率論
～勝つための賭け方～

2016年3月10日　初版　第1刷発行

著　者　岩沢 宏和
発行者　片岡 巌
発行所　株式会社技術評論社
　　　　東京都新宿区市谷左内町21-13
　　　　電話　03-3513-6150　販売促進部
　　　　　　　03-3267-2270　書籍編集部
印刷・製本　港北出版印刷株式会社

●装丁
中村友和（ROVARIS）

●本文デザイン、DTP、イラスト
株式会社森の印刷屋

定価はカバーに表示してあります。

本書の一部、または全部を著作権法の定める範囲を超え、無断で複写、複製、転載、テープ化、ファイルに落とすことを禁じます。

©2016 岩沢 宏和

造本には細心の注意を払っておりますが、万が一、乱丁（ページの乱れ）や落丁（ページの抜け）がございましたら、小社販売促進部までお送りください。送料小社負担にてお取り替えいたします。

ISBN978-4-7741-7901-8　C3041
Printed in Japan